처음읽는
미래과학
교과서

세번째 이야기
생명공학

| 발간에 부쳐 |

21세기로 접어들면서 인류는 유사 이래 그 어느 때보다도 격렬한 기술 발전을 경험하고 있습니다. 공학기술은 인류의 미래에 무한한 가능성을 열어주고 있지만 핵폭탄, 환경오염에 따른 생태 파괴, 합성물질의 위협에서 보듯 자칫 인류의 생존을 위협할 수도 있습니다.

'처음 읽는 미래과학 교과서' 시리즈는 청소년이 공학 분야를 쉽고 흥미롭게 이해하고 기술문명이 가져올 미래의 변화에 대해 고민할 수 있게 함으로써 더욱더 풍성한 21세기 과학한국의 미래를 열기 위한 기획입니다. 실제 우리의 삶에 가장 밀접하게 존재함에도 불구하고 낯설고 멀게만 느껴졌던 공학을 편안하고 가깝게 느끼도록 하는 것이 발간의 목적입니다. 우리의 미래생활을 위한 비전북이 되기를 희망합니다.

이 시리즈는 산업자원부의 지원을 받아 NAEC 한국공학한림원과 김영사가 발간합니다.

처음읽는 미래과학 교과서
세번째 이야기 생명공학

지음_ 박태현
그림_ 이승민

1판 1쇄 발행_ 2007. 04. 25.
1판 9쇄 발행_ 2017. 05. 27.

발행처_ 김영사
발행인_ 김강유

등록번호_ 제406-2003-036호
등록일자_ 1979. 5. 17.

경기도 파주시 문발로 197(문발동) 우편번호 10881
마케팅부 031)955-3100, 편집부 031)955-3250, 팩시밀리 031)955-3111

값은 뒤표지에 있습니다.
ISBN 978-89-349-2186-8 03500
ISBN 978-89-349-2183-7(세트)

독자 의견 전화 031)955-3200
홈페이지 www.gimmyoung.com   카페 cafe.naver.com/gimmyoung
페이스북 facebook.com/gybooks   이메일 bestbook@gimmyoung.com

좋은 독자가 좋은 책을 만듭니다.
김영사는 독자 여러분의 의견에 항상 귀 기울이고 있습니다.

처음읽는 미래과학 교과서

세번째 이야기
생명공학

박태현 지음

김영사

contents

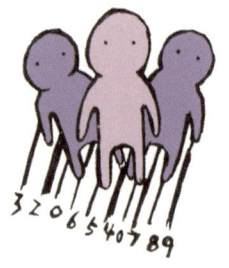

02 생명과학의 기본 원리

03 바이오테크놀로지 기반기술

04 바이오테크놀로지의 산업적 응용

미래를 바꾸는 강력한 힘,
바이오테크놀로지의 무한한 가능성은
더 이상 꿈이 아니다.

물리나 화학 과목과 비교할 때 생물은 외우는 과목이라고 생각하는 사람들이 상당수 있을 것으로 생각한다. 그렇다면 왜 생물이 외우는 과목이라는 인상을 주게 되었는가? 생물은 생명체에 대해 공부하는 과목인데, 생명체는 매우 복잡한 구조와 특성들을 가지고 있어서 쉽사리 이해되지 않는 부분들이 많이 존재한다. 그 대상이 너무나도 복잡하여 그것들을 이해하는 데는 한계가 있다. 따라서 생명체에서 일어나고 있는 자연 현상들의 많은 부분에서 그것을 이해하지 못한 채로 단지 관찰한 결과들을 그대로 기록해 놓는 데에 그칠 수밖에 없었다.

반면에 물리와 화학의 경우에는 생물에 비해 그 대상이 비교적 단순하여 많은 것들을 이해할 수 있었다. 이와 같은 이해에 바탕을 두어 지난 200년 동안 물리와 화학은 눈부신 발전을 해 왔다. 이와 같은 과학적 이해는 기술의 발전으로 이어졌고, 그 결과 우리는 일상생활에서 컴퓨터, 자동차, TV, 에어컨, 난방기구 등의 과학 기술적 제품들을 사용하고 있다. 기술의 발전은 과학적 이해를 바탕으로 하므로 과학적 이해가 없으면 기술 개발에는 한계가 있다.

지난 두 세기는 물리와 화학의 시대였다. 대부분의 기술이 물리와 화학을 기반으로 발전되었다. 반면에 생물의 경우에는 이해 못하는 부분이 많아서 기술 개발이 매우 제한적일 수밖에 없었다. 기술적 응용을 대상으로 하는 공과대학에 과거에는 생물 관련 학과가 전무했던 것을 보아도 알 수 있다. 그러던 것이 DNA가 생명체의 유전정보를 가지고 있는 물질이라는 사실이 알려지고, 그 DNA 분자의 구조가 밝혀지고, DNA를 마음대로 자르고 붙이는 DNA 재조합 기술이 생겨나면서 비로소 생명체를 분자 수준에서 이해할 수 있는 현대 생물학의 새로운 장이 열리며 눈부신 발전을 이루어 나가게 되었다.

그리하여 과학적 이해에 바탕을 둔 새로운 생물학적 기술들이 탄생하게 되었고, 이 기술들은 새로운 산업을 탄생시키게 되었다. 이제 공과대학에서도 생물과 관련된 이름을 가지고 있는 학과를 어렵지 않게 볼 수 있게 되었다. 21세기는 바이오테크놀로지의 시대라고 많은 미래학자들은 주저 않고 이야기한다.

지난 20년간 컴퓨터는 많은 발전을 거듭하여 이제 사회 모든 분야에서 없어서는 안 될 존재가 되었고, 이 눈부신 발전에 동참하지 못하는 사람들을 우리는 '컴맹'이라고 부를 정도가 되었다. 이제 막 도약을 시작하고 있는 바이오테크놀로지도 그 영향력이 바이오산업 그 자체에만 그치는 것이 아니라 사회의 모든 분야에 영향을 미칠 것이 확실해 보인다. 이미 매스컴에서도 바이오테크놀로지에 대해 많은 양의 기사를 연일 내보내고 있다. 이제 바이오테크놀로지에 관한 지식은 그 분야를 전공한 일부 사람들만이 필요로 하는 영역을 벗어나고 있다. 현대사회를 살아가는 일원으로서 사회 발전에 동참하기 위해서 알아야 하는 필수 지식으로 자리 매김하고 있다.

　이 책은 이러한 시대적 요구에 부흥하여 미래의 우리 사회에 지대한 영향을 미칠 바이오테크놀로지가 어떤 원리에 의해 발전되고 있는지를 일목요연하게 이해할 수 있도록 기술하였다. 세세한 사항들에 대한 자세한 설명은 피하고 바이오테크놀로지의 커다란 줄기와 그 의미들을 중·고등학생과 일반인이 쉽게 이해할 수 있도록 기술하려고 노력하였다. 현대사회를 살아가는 교양인으로서 바이오테크놀로지를 이해하는 데 이 책이 조그만 도움이 되기를 바라는 바이다.

박태현

바이오테크놀로지,
꿈의 기술에서 현실 세계로

바이오테크놀로지, 꿈의 기술

모든 생명체의 기본 단위는 세포(cell)이며, 각 세포의 운명을 결정하는 정보를 담고 있는 것이 DNA(deoxyribonucleic acid)이다. 그러므로 DNA를 마음대로 조작할 수만 있다면 세포의 운명, 더 나아가서는 생명체의 운명을 원하는 대로 바꿀 수 있을 것이다. 불필요한 세포를 죽게 할 수도 있고, 필요한 세포를 오래 살게 할 수도 있으며, 세포가 생산할 수 없는 어떤 것을 생산하게 만들 수도 있고, 세포 내에서 일어나고 있는 수많은 생화학 반응들의 경로를 원하는 대로 변형시켜 세포 자체를 다양한 물질을 만들 수 있는 공장으로 만들 수도 있다. 이런 것들이 정말 가능하다면 인간의 생명을 연장할 수도 있고, 난치병으로 여겨지는 질병들을 치료할 수도 있으며, 인간의 뇌 같은 컴퓨터를 만들 수도 있고, 몸속을 돌아다닐 수 있는 정자만 한 잠수함을 만들 수도 있으며, 코끼리만 한 돼지도 만들고, 인삼 성분이 들어 있는 바나나도 만들 수 있다. 정말 즐거운 상상들이다.

필자도 바이오테크놀로지에 대한 이와 같은 푸르른 꿈을 안고 대학원 졸업 후 기업체 연구소의 연구원으로 첫발을 내딛게 되었다. 한국의 산업체에서 바이오 연구를 처음 본격적으로 시작하던 무렵이었다. 바이오테크놀로지 연구동 건물을 새로 건립하면서 한동안 무거운 실험 장비들을 옮기는 육체 노동이 주된 일과였는데, 바이오 연구에 기본적으로 필요한 도구가 되는 물질의 생산을 시작하던 시기였다. 바이오테크놀로지, 생물공학, 생명공학, 유전공학이라는 생소한 단어가 매스컴

을 통해 일반인들의 귀와 입에 오르내리기 시작하였고, 일간지의 광고란에는 '바이오테크놀로지를 선도하는 기업' 이라는 슬로건 아래 줄기에는 고추가 열리고 뿌리에는 마늘이 달린 '마고추' 라는 환상적인 그림이 커다랗게 게재되었다. 미래의 결과를 상상하여 실은 광고였다.

어느 날 연구실에 전화 한 통이 걸려 왔다.

"저는 유성에 사는 농부인데요. 마고추 씨 좀 살 수 있을까요?"

너무나 당혹스러운 질문이라서 전화를 받은 연구원은 어찌할 바를 모르고 얼떨결에 이렇게 말했다.

"연구소에서는 판매에 대해서 잘 모르니 본사 영업부로 문의해 보세요."

전화를 끊고 연구원들과 한바탕 웃었지만 순수한 농부에게 미안한 마음에서 더더욱, 그리고 언젠가는 떳떳하게 대답할 수 있을 그날을 기대하며 더한층 열심히 연구할 것을 마음속으로 다짐했던 기억이 새삼스럽다.

바이오테크놀로지, 현실 세계로

1980년 10월 15일 뉴욕의 증권거래소에서는 주식시장 역사상 최고의 주가 급상승이 기록되었다. 미국 바이오테크놀로지 회사인 지넨테크(Genentech)의 주식이 거래를 시작하자마자 20분 만에 35달러에서 89달러로 급상승한 것이다.

박테리아에서 당뇨병 치료제인 인간 인슐린을 생산할 수 있는 기술을 지넨테크가 세계 최초로 개발하였기 때문이다. 그동안은 당뇨병 치료를 위해 돼지에게서 얻어진 돼지의 인슐린을 사용해 왔는데, 이에 대해 앨러지가 있는 환자들에게는 커다란 희소식이었다. 뿐만 아니라 이것은 박테리아에 사람의 유전자를 주입하여 인체 내에서만 생성되는 물질을 박테리아에서 생산하게 되었다는 데에 커다란 의미가 있었다. 지넨테크의 주식이 처음 거래된 이때는 DNA 재조합 기술(recombinant

DNA technology)을 산업화하기 위해 이 회사가 설립된 지 4년이 지난 시점이었다. DNA 재조합 기술의 산업화 성공은 그야말로 꿈 같은 상상이 현실화되기 시작했다는 사실을 여실히 보여 주었으며, 뿐만 아니라 그 기술에 대한 무한한 가능성을 심어 주었다.

이 영향으로 1980~1983년 사이에 미국에 200여 개의 소규모 바이오테크놀로지 회사가 탄생하였다.

이 회사들은 생물학적 기술을 이용한 새로운 연구에 기반을 두고 있어서, 이 시기에 많은 대학의 교수 또는 연구원이 바이오테크놀로지 회사의 사장이나 중역으로 변신하였다. 1985년에는 미국 내에 400여 개 회사로 그 숫자가 불어났으며, 1990년대 중반에는 1,000여 개 정도로 더욱 증가하였다.

바이오테크놀로지의 산업화는 많은 부분이 미국에 집중되어 있으나, 일본에서도 바이오산업을 전략 산업으로 지정하고 국가적 차원에서의 육성을 시도하고 있다. DNA 재조합 기술에 익숙한 기초 연구 인력이 부족한 일본은 초기에는 미국의 대학 및 연구소와 제휴하여 기본 기술을 습득하기 시작하였다.

우리나라에서도 1980년대 중반에 LG가 미국의 카이론 사와 제일제당이 재미 한국 과학자를 주축으로 설립한 미국의 유진테크 사와 제휴를 맺으면서 바이오 산업을 위한 기술 습득에 박차를 가하기 시작하였다. 이리하여 1980년대 말부터는 국내에서도 항바이러스 작용을 하는 의약품인 인터페론을 비롯한 DNA 재조합 기술을 이용한 제품들이 생산되어 판매되기 시작하였으며, 현재는 많은 종류의 다양한 제품들이 나오고 있다.

바야흐로 국내에서도 DNA 재조합 기술에 기반을 둔 꿈의 기술인 바이오테크놀로지가 제품 생산이라는 현실로 나타나기 시작한 것이다.

바이오테크놀로지의 의미

'바이오테크놀로지' 란 용어는 1917년 헝가리 공학자인 이레키(Karl Ereky)에 의해 처음 사용되었는데, 그는 바이오테크놀로지를 "살아 있는 생명체의 도움을 얻어 원료 물질에서 유용한 물질을 생산하는 모든 작업"이라고 기술하였다. 현재는 바이오테크놀로지를 다양하게 정의하고 있으나, 일반적으로 '살아 있는 생명체를 직접적으로 이용하거나 또는 생명체에서 추출된 물질을 이용하여 유용한 제품을 생산하여 서비스를 창출해 내는 기술' 을 일컫는 용어이다. 이는 1980년대로 들어서면서 주목받기 시작한 분야이지만, 미생물에 의한 발효 제품인 포도주, 맥주, 빵, 간장, 김치 등의 제조를 통해 이미 오래전부터 산업적으로 또는 가정에서 광범위하게 이용되어 온 기술이다.

그러면 왜 이 용어가 새롭게 주목받기 시작했는가? 이는 최근 10~20

여 년 사이에 DNA 재조합 기술이 보편화되면서 상상의 세계에서나 가능하리라고 생각되었던 생명체 조작이 현실에서 가능해짐에 따른 것이다. 즉, 이제는 생명체의 생산 능력을 포함하여 여러 가지 특성들을 원하는 대로 변형시켜 새로운 가치를 창출해 낸다는 것이 더 이상 상상이 아니라 현실로 인식되고 있는 것이다.

선진국을 비롯한 많은 나라는 이제 삶의 기본이 되는 의식주 문제가 어느 정도 해결되었다. 배가 부르고 잠자리가 따뜻해지면 사람들은 생계 걱정에서 벗어나 한층 더 나은 삶을 영위하려는 마음이 생기게 마련이다. 이러한 욕망은 더 안락하고 건강하게 오래 살려는 것이다. 즉, 보다 큰 행복을 추구하려는 것이다. 이와 같은 시대적 조류에 의하여 건강과 환경 문제에 대한 관심이 점점 높아져 가고 있는데, 바이오테크놀로지가 바로 이런 문제들을 해결하는 열쇠를 제공해 줄 수 있으리라는 기대가 점차 확실시되어 가고 있다. 진시황이 불로초를 찾았듯이 난치병 등 질병 치료를 위한 의약품 및 치료 기술에 관심을 가지게 되었고, 자동차가 오래되면 부품을 교체하듯이 체내의 장기가 못 쓰게 되었을 때 이를 교체할 수 있는 새로운 장기를 생산하고 이식하는 기술 등에 관심을 가지게 되었다.

과거에는 플라스틱의 장점이 썩지 않는다는 것이었으나, 지금은 너무 많이 생산해 낸 나머지 사용하고 난 플라스틱이 썩지 않아 그 폐기 문제가 오히려 새로운 환경 문제가 되어 버렸다. 바이오테크놀로지는 식물이나 박테리아뿐 아니라 환경 문제가 되지 않는, 생분해가 가능한 플라스틱을 생산할 수 있게 해 준다. 또한 기존의 화학 공정 일부를 환경 친화적인 생물 공정으로 대체할 수 있게 해 준다. 뿐만 아니라 우리 일상에서 너무나도 많이 사용하고 있는 석유·화학 제품들을 박테리아에서 생산해 낼 수 있는 가능성도 제시해 준다.

현재의 바이오테크놀로지가 이러한 가능성을 충분히 보여 주고 있기 때문에 많은 과학 기술자들이 앞을 다투어 바이오 연구에 몰두하고 있다. 1970년대에 개발된 DNA 재조합 기술은 커다란 바이오 혁명이었고, 이어서 복제 양 '돌리'의 탄생으로 생명 복제 기술, 인간 게놈(genome) 프로젝트에 의해 2000년대에 들어 완성된 인간 게놈 지도 등이 또 다른 획을 긋는 사건들이었다. 인간 게놈 지도는 인간 세포 속의 DNA가 저장하고 있는 모든 정보의 기록을 보여 주는 것으로, 앞으로 이의 해독을 통해 인체의 비밀을 하나하나 밝혀 나가는 데 길잡이가 될 것이다.

영화 〈쥐라기 공원〉에서
공룡을 부활시키는 방법

　영화 〈쥐라기 공원〉에서는 아주 오래전에 이미 멸종한 생명체인 공룡을 부활시켜 공룡들이 뛰어다니는 놀이공원을 만드는 것을 소재로 하여 이야기가 전개된다. 여기에서 제시된 지금 이 세상에 존재하지 않는 공룡을 부활시키는 방법이 자못 흥미롭다. 그 이야기는 이렇다. 옛날옛날에 공룡이 살고 있었는데, 그 시절에도 모기가 존재하고 있었다. 공룡의 피를 빨아 먹은 모기는 나뭇가지에 앉아서 휴식을 취한다. 그때 불행하게도 나무의 수액이 흘러내려 모기는 미처 피할 틈도 없이 그 안에 갇히게 된다. 오랜 시간이 흐르면서 그 수액이 굳어 누렇고 투명한 호박이라는 보석이 된다. 이 호박이 광부들에 의해 채취되고, 그 안의 모기의 몸속에는 공룡의 피가 들어 있다. 〈쥐라기 공원〉의 과학자들은 이 모기의 몸에서 공룡의 피를 뽑아내어 피 속에 들어 있는 공룡의 DNA를 추출해 낸다. 이렇게 추출된 공룡의 DNA를 사용하여 공룡을 환생시킨다는 내용이다. 굉장히 황당한 이야기처럼 들리지만, 과학적으로 볼 때 그저 재미있는 이야기쯤으로 가벼이 생각할 수만은 없다.

이와 비슷한 연구가 실제로 수행되고 있기도 하다. 지구 상에 존재했다가 멸종한 또 다른 생물체인 매머드를 부활시키겠다는 프로젝트가 일본과 러시아의 공동 연구로 수행되고 있다. 시베리아 땅속 깊이 꽁꽁 얼어 있는 채로 잘 보존되어 있는 매머드의 사체에서 DNA를 뽑아서 그것을 이용하겠다는 것이다. 이 연구가 성공하기 위해서는 넘어야 할 난제가 많이 있지만, 관심을 가지고 지켜볼 일이다. 이 매머드 부활 프로젝트도 〈쥐라기 공원〉에서 나오는 아이디어와 동일한 것이다. 그렇다면 DNA가 무엇이기에 DNA만 있으면 멸종된 생물체도 살려내겠다는 것인가?

생명체의 정보가 저장되어 있는 DNA(deoxyribonucleic acid)

DNA를 가지고 멸종된 생물체를 살려내겠다는 것을 보면, 분명히 그 속에 생명체의 모든 정보를 담고 있음이 분명하다. 그렇다. DNA는 생물체가 살아가는 데 필요한 모든 정보를 가지고 있는 물질이다. 이 DNA에 대한 연구를 체계적으로 할 수 있도록 밑바탕을 마련한 한 쪽짜리 논문이 1953년 국제 과학 저널 『네이처』(Nature)에 발표되었다. 이 논문에서 왓슨(James D. Watson, 1928~)과 크릭(Francis H.C. Crick, 1916~2004)은 DNA 이중 나선(DNA double helix) 구조를 밝혀 1962년 노벨 생리 · 의학상을 받았다.

DNA는 아주 가느다란 실같이 생긴 물질로서 유연성을 가지고 있어 굽어지거나 뭉쳐질 수도 있다. 그러나 내장되어 있는 정보는 매우 엄격히 관리되므로 정보가 한 세대에서 다음 세대로 전달될 때 누락되거나 새로이 덧붙여지는 일은 거의 일어나지 않는다. 만약 이런 일이 발생하면 돌연변이가 일어나는 것이다. DNA 구조를 더욱 자세히 살펴보면 마치 나선형으로 꼬여 있는 사다리를 연상케 한다. 이 구조가 앞에서 언급한 이중 나선 구조이다.

이 나선형 사다리를 사람이 타고 올라간다고 생각할 때 발을 밟는 계단에 해당하는 부분이 DNA 구성 성분 중 하나인 염기(base)인데, 이 부분에 정보가 저장되어 있다.

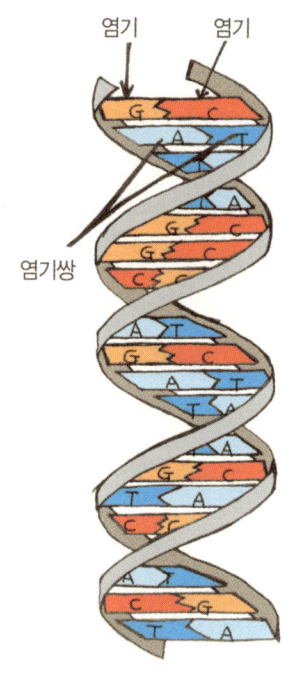

DNA 이중 나선
(DNA double helix) 구조

이 사다리의 계단 하나하나는 2개의 염기가 결합되어 이루어진 염기쌍(base pair)으로 되어 있다. DNA 염기는 네 종류로서 아데닌(adenine, A), 구아닌(guanine, G), 시토신(cytosine, C), 티민(thymine, T)이 그것이다. 이 중에 A와 G는 그 크기가 상대적으로 크고, 나머지 2개(T, C)는 작다. 큰 것 중 하나와 작은 것 중 하나가 결합하여 1개의 염기쌍을 이루는데, A는 반드시 T하고만 결합하고, G는 C하고만 결합한다. 즉, 사다리의 각 계단은 A-T, T-A, G-C, C-G 중 하나이다. 온도를 높이면 이들 사이의 결합이 끊어져 마치 모세가 바닷물을 가르듯이 사다리가 세로 방향을 따라 반으로 쪼개지는 양상을 보인다. 즉, 두 가닥(double strand)이던 DNA가 쪼개져서 한 가닥(single strand)으로 되는데, 세포 내에서는 DNA가 복제될 때 이런 현상이 일어난다.

　마치 닫혀 있던 지퍼가 열리듯이 염기쌍으로 연결된 두 가닥의 DNA가 한 가닥씩으로 쪼개지고, 각 가닥이 새로운 염기들과 다른 성분들을 붙여 두 가닥(결과적으로 두 가닥짜리 사다리 2개)으로 되면서 그 양이 2배로 늘어나게 되는 것이다. 이것이 DNA가 복제되는 과정이다.

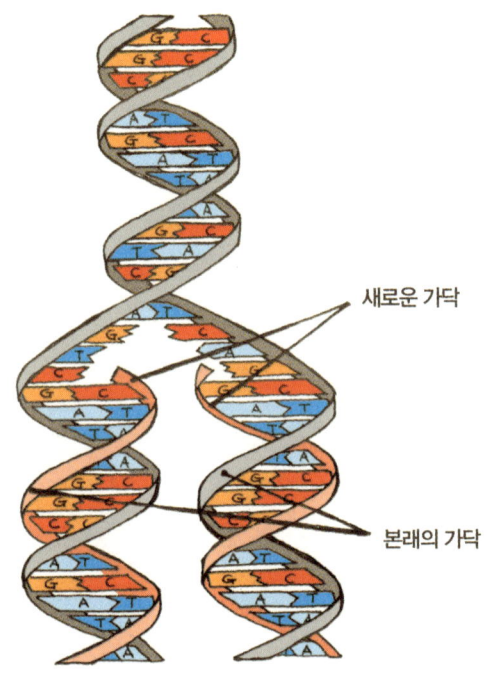

새로운 가닥

본래의 가닥

DNA 복제 과정

DNA는 세포 내에서 일반적으로 두 가닥이 결합되어 있는 상태로 존재하지만, 위에서 말한 A는 T하고만 결합하고 G는 C하고만 결합하는 성질 때문에 한 가닥에 붙어 있는 염기 서열을 알면 나머지 가닥의 염기 서열은 자동적으로 결정된다. 이렇게 서로 붙을 수 있는 가닥을 서로 상보적(complementary)이라고 한다. 이는 '상호 보완적' 결합을 줄인 말로, 볼트와 너트 혹은 열쇠와 자물쇠의 관계를 연상하면 이해가 쉬울것이다.

따라서 우리가 이야기하는 유전 정보라는 것은 한 가닥에 붙어 있는 염기 서열을 말하는 것이다. 즉, 나선형 사다리의 한 가닥에 붙어 있는 염기가 어떤 순서의 A, G, C, T 배열을 가지고 있느냐가 유전정보인 것이다. 이 정보들이 자손에게 대대로 전해지기 때문에 '콩 심은 데 콩 나고, 팥 심은 데 팥 난다.' '송아지, 송아지, 얼룩송아지, 엄마 소도 얼룩소, 엄마 닮았네.' '그 아버지에 그 아들' 식의 말들이 생겨난 것이다. 자식이 엄마도 닮고 아빠도 닮는 이유는 엄마와 아빠의 유전정보를 반반씩 전해 받기 때문이다.

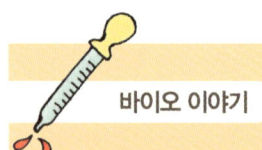

갈등을 일으키지 않는 DNA

DNA는 이중 나선 구조를 하고 있다는 이야기를 하였다. 이 이중 나선 구조는 꼬여 있는 방향에 따라 서로 다른 구조를 가질 수 있다. 위에서 축 방향을 따라 내려다보면서 시계 방향을 따라갈 때 보는 사람에게서 멀어져 가는 구조를 가진 경우를 오른 방향 나선(right-handed helix)이라고 하고, 그 반대로 꼬여 있는 경우를 왼 방향 나선(left-handed helix)이라고 한다. 또 전자의 구조를 가진 DNA를 B-DNA라고 하고, 후자의 구조를 가진 것을 Z-DNA라고 한다. 일반적으로 세포 내에 존재하는 DNA는 B-DNA이다.

이 DNA의 구조를 생각하면 갈등(葛藤)이라는 단어가 연상된다. '갈(葛)'은 칡을 의미하고, '등(藤)'은 등나무를 뜻한다. 사전에 나오는 이 단어의 뜻을 보면, '칡덩굴과 등덩굴이 얽힌 것처럼 일이 뒤얽히어 풀기 어렵게 된 상태'라고 되어 있다. 그러나 이 덩굴들이 감고 올라가는 방향을 들여다보면, 이 단어가 의미하는 바가 더욱 선명하게 마음에 와 닿는 것을 느낄 수 있다.

덩굴이 다른 물체를 감고 뻗어 나가는 방법은 DNA 구조처럼 두 가지가 있다. B-DNA와 같은 방향의 덩굴이 있는 반면, Z-DNA처럼 방향으로 뻗어 나가는 덩굴이 있다. 그러나 몇몇 덩굴식물의 경우에는 특정 방향에 대한 선호도 없이 방향을 구별하지 않고 감아 올라가기도 한다. 칡은 B-DNA와 같은 구조로 감아 올라가는 덩굴식물인 데 비하여, 등나무는 Z-DNA와 같은 방식으로 감아 올라간다.

이렇게 서로 다른 방향으로 감아 올라가는 칡과 등나무가 동시에 1개의 기둥을 감으며 타고 올라가는 것을 생각해 보라. 1개의 기둥에서 칡과 등나무가 서로 다른 방향으로 기를 쓰고 돌리려고 하면 자연히 갈등을 일으킬 수밖에 없을 것이다. 누가 그 단어를 만들어 내었는지 곱씹어 볼수록 잘 만들어진 단어라는 생각을 금할 수 없다. 세포 내에서 역할을 하는 대부분의 DNA는 B-DNA로서 Z-DNA와 갈등을 일으킬 소지가 없는 것이 천만다행이다.

위에서 이야기하였듯이 B-DNA는 오른 방향 나선이라고 부르고, Z-DNA는 왼 방향 나선이라고 부른다. 그런데 이와는 대조적으로 덩굴식물이 감고 올라가는 방향에 대해 이야기할 때는 사용하는 용어를 달리하고 있음을 알 수 있다. B-DNA와 같은 방향으로 감고 올라가는 칡의 경우를 '왼쪽 감기'라고 하고, 반대로 감고 올라가는 등나무의 경우를 '오른쪽 감기'라고 부른다니 말이다.

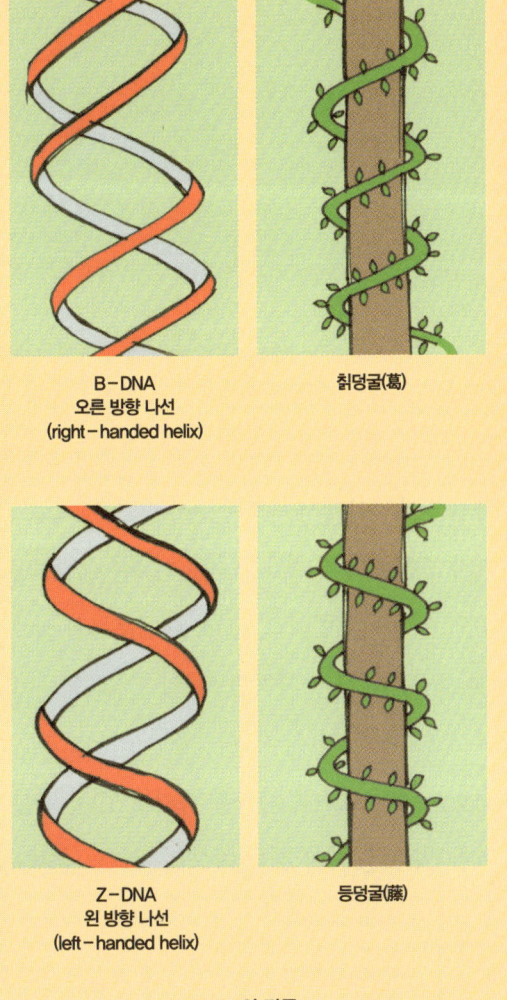

B-DNA
오른 방향 나선
(right-handed helix)

칡덩굴(葛)

Z-DNA
왼 방향 나선
(left-handed helix)

등덩굴(藤)

DNA와 갈등

생명체의 기본 단위를 이루는 세포

모든 생명체를 구성하는 기본 단위는 세포이다. 즉, 1개의 세포로 이루어진 생명체인 박테리아에서부터 무수히 많은 세포로 구성된 동·식물에 이르기까지 모든 생명체에서 그 기본이 되는 단위가 세포이다. 세포는 막(세포막)으로 둘러싸여 있고, 그 속은 대부분이 물로 채워져 있으므로 매우 작은 물주머니라고 생각할 수 있다. 그 물주머니 속에 핵이 있고, 그 핵 속에 DNA가 있다. 세포는 핵 이외에도 막으로 둘러싸인 세포 소기관(미토콘드리아, 골지체 등)들을 가지고 있다. 동물 세포나 식물 세포 같은 고등 세포들은 이와 같이 막으로 둘러싸인 세포 소기관들을 가지고 있으며, 이 세포들을 진핵세포(eukaryotic cell)라고 한다.

반면 박테리아 같은 하등 세포는 막으로 둘러싸인 소기관들을 가지고 있지 않다. 즉, 세포 내에 구획이 따로 나뉘어 있지 않고 핵도 없으므로 DNA는 아무것에도 둘러싸이지 않은 상태로 세포 내에 들어 있다. 이와 같은 세포를 원핵세포(prokaryotic cell)라고 한다.

이 같은 설명은 세포를 구조적인 측면에서 살펴본 것이고, 세포를 구성하는 물질의 측면에서 살펴보면 크게 네 종류의 거대 분자가 세포라는 물주머니 속에 들어 있다. 바로 탄수화물, 지질, 단백질, 핵산이 그것이다. 우리가 먹는 3대 영양소와 핵산(주로 DNA와 RNA를 지칭)이 바로 세포의 주요 구성 성분을 이루고 있는 것이다. 즉, 섭취된 성분과 동일한 성분이 세포의 구성 성분을 이룬다는 말이다. 그러나 섭취된 물질이 그대로 세포 구성 물질을 이루는 것은 아니고, 일단 섭취된 물질은 더 작은 크기의 분자로 쪼개지며, 그것이 다시 조립되는 과정을 거치게 된다. 섭취된 물질이 작은 분자들로 분해되는 과정을 이화 작용(catabolism)이라고 하고, 이 작은 분자들에서 다시 큰 분자들이 합성되는 과정을 동화 작용(anabolism)이라고 한다.

이들 두 작용을 일컬어 대사 작용(metabolism)이라고 하며, 이 과정

세포의 구조

을 거치면서 각 세포들은 특성에 맞는 구성 물질들을 갖추게 되는 것이다. 섭취된 물질이 작은 분자들로 분해되는 과정(이화 작용)에서 에너지가 발생하고, 이때 발생된 에너지는 큰 분자를 합성하는 과정(동화 작용)에 사용된다.

세포는 성장(growth)하고 분열(division)한다. 1개의 세포가 2개의 세포로 분열될 때 유전정보도 함께 복제되고, 각 세포에 배분된다. 박테리아 같은 단세포 생물체는 이와 같은 과정을 반복하면서 세포의 수가 증가한다. 그러나 인간같이 복잡한 형태의 다세포 생물체는 체내에 모두 동일한 세포를 가지고 있지 않다. 따라서 각각의 기능을 가진 다양한 세포로 발전되어야 한다. 즉 어떤 세포는 피부 세포가 되고, 어떤 세포는 심장 세포가 되어야 한다. 이렇게 특정 세포로 발전되는 과정을 분화(differentiation)라고 한다.

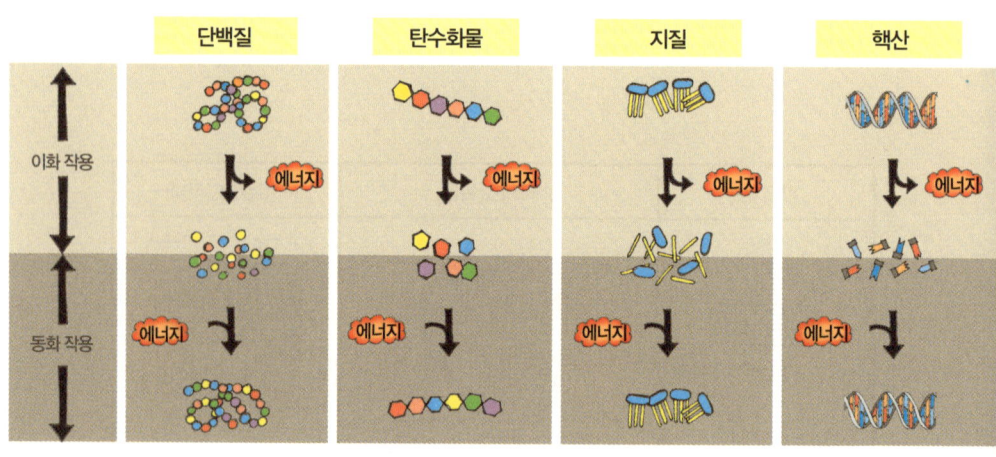

이화 작용과 동화 작용

여기에서 바이러스에 대하여 잠시 언급할 필요가 있겠다. 바이러스는 단백질 껍질로 둘러싸여 있고, 그 속에 유전 물질 (DNA 또는 RNA)을 가지고 있다.

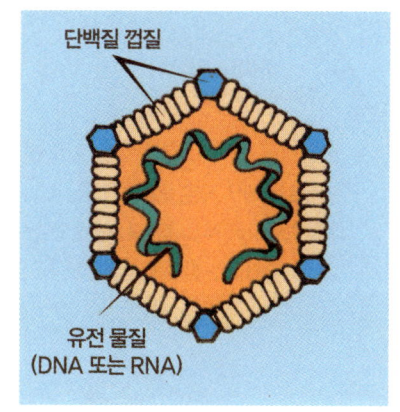

바이러스

그러나 바이러스는 세포가 아니며, 그 자체로서는 살아 있다고 말할 수 없다. 혼자서 독립적으로는 분열할 수가 없고, 항상 어떤 세포에 기생하여 그 세포의 힘을 빌어서만이 복제가 가능하기 때문이다.

이상에서 생명체를 이루는 기본 단위는 세포이고, 세포의 모든 정보는 DNA에 저장되어 있다는 이야기를 하였다. 그렇다면 네 가지 염기 (A, T, G, C)의 조합에 의한 서열로 이루어진 DNA의 유전정보는 세포 내에서 어떻게 사용되는지에 대하여 다음 장에서 알아보기로 하자.

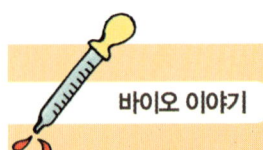

생체 탈수를 막아 주는 스포츠 음료

세포는 매우 작은 물주머니라는 이야기를 하였다. 즉 생명체가 살아가는 데 물은 매우 중요하며, 우리 몸에서 물이 과도하게 빠져나가면 생명에 위협을 받는다. 탈수 현상을 가져오는 심한 설사때문에 매년 수많은 어린이들이 목숨을 잃기도 한다. 사

삼투압 : 물이 소금물 쪽으로 이동

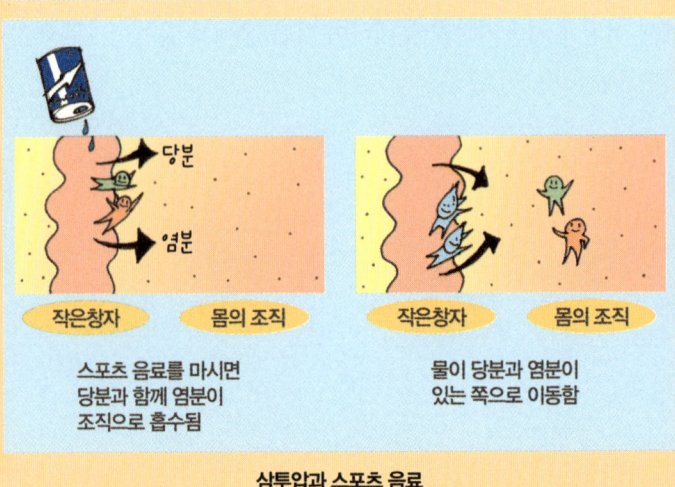

삼투압과 스포츠 음료

람들은 탈수 환자나 과도한 운동으로 땀을 많이 흘리는 운동 선수에게 단지 물만 마시게 하는 것이 좋은 방법이 아니라는 것을 알게 되었고, 보다 효과적인 탈수 방지를 위하여 스포츠 음료들이 개발되었다.

스포츠 음료가 개발되게 된 것은 작은창자에서 몸의 조직 속으로 포도당이 흡수될 때 염분도 함께 흡수된다는 사실을 발견하고부터이다. 이것을 이해하기 위해서는 우리가 이미 잘 알고 있는 삼투압에 대하여 잠시 생각해 볼 필요가 있다. 삼투압을 설명할 때는 으레 그릇에 소금물과 물이 반투과성 막으로 분리되어 담겨 있는 경우를 예로 들어 설명한다.

이 경우 물이 반투과성 막을 통과하여 소금물 쪽으로 옮겨 가려고 하고, 이때 발생하는 압력을 삼투압이라고 한다. 이때 물은 염분을 묽게 하려고 이동한다. 다시 말해서 물이 염분이 있는 쪽을 향해 이동해 가는 현상이 발생한다.

따라서 탈수를 막으려면, 즉 물을 잡아 두려면 염분이 먼저 있어야 하는 것이다. 염분이 있으면 삼투압이 유도되어 물은 자연스럽게 그쪽으로 몰려가게 된다. 이제 앞에서 했던 이야기로 다시 돌아가 보자. 작은창자에서 포도당이 몸의 조직 속으로 흡수될 때 염분도 함께 흡수된다는 사실의 중요성에 대해 이해할 수 있을 것이다. 이것은 당분과 염분이 함께 들어 있는 물을 마시는 것이 단지 물만 마시는 것보다 탈수를 막는 데 훨씬 효과적이라는 것을 의미한다. 즉 당분과 염분이 함께 창자에서 우리 몸의 조직 속으로 효과적으로 흡수됨에 따라 삼투압이 유도되고, 이 때문에 물도 이들을 따라 이동하게 된다. 결과적으로 탈수가 효과적으로 방지되는 것이다. 많은 스포츠 음료들이 당분과 염분을 함께 함유하고 있는 이유가 여기에 있다. 적당한 비율의 당분과 염분은 수분의 흡수를 빠르게 하고, 소량의 탄수화물은 오랜 시간 운동을 할 때 에너지를 증대시킨다는 연구 결과가 보고되었다.

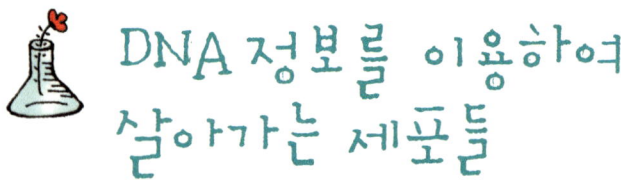

DNA 정보를 이용하여 살아가는 세포들

세포 내의 모든 정보는 DNA에 저장되어 있지만, 세포 내에서 실제로 특정한 기능을 하는 것은 DNA가 아닌 단백질이다. 즉, DNA가 두뇌라면 액션을 취하는 손발 역할을 하는 것은 단백질이다. 그렇다면 DNA에 저장되어 있는 정보가 어떤 과정을 거쳐서 단백질로 전달되는가? 이에 대한 해답을 제시해 주는 것이 '중심 원리(cental dogma)'이다. DNA의 정보가 RNA(ribonucleic acid)에 전달되고, 이것이 다시 단백질에 전달된다는 것이다.

DNA는 RNA에 그 정보를 넘겨 주고, 또 RNA의 정보로 단백질을 만든다. DNA에서 mRNA(messenger RNA)로 정보가 전달되는 과정을 전사(transcription), mRNA의 정보로 단백질을 만드는 과정을 번역(translation)이라고 한다.

DNA ──전사──▶ mRNA ──번역──▶ 단백질

DNA의 정보가 mRNA로 전달되는 전사 과정은 매우 단순하다. DNA의 각 염기에 대응하는 RNA 염기를 하나씩 붙여 가는 것이다. 이는 꼬여 있는 이중 나선 구조의 일부분이 풀어져서 두 가닥이 서로 벌어지고, 이 중 한 가닥을 원본으로 하여 대응하는 RNA 염기들을 하나하나 붙여 가는 과정이다. 즉, DNA 염기 구아닌(G)에는 이에 대응하는 RNA 염기 시토신(C)를 붙이고, 티민(T)에는 아데닌(A)를 붙이는 식으로 mRNA 가닥을 키워 나간다.

여기에서 RNA는 DNA와는 다른 특성이 있다는 것에 주목할 필요가 있다. RNA는 세포 내에서 두 가닥이 아니고 한 가닥으로 존재하며, 티민(T) 대신에 우라실(uracil, U)이라는 염기를 사용하는 특성을 가지고 있는 것이다.

이렇게 하여 mRNA로 전달된 정보는 다시 단백질을

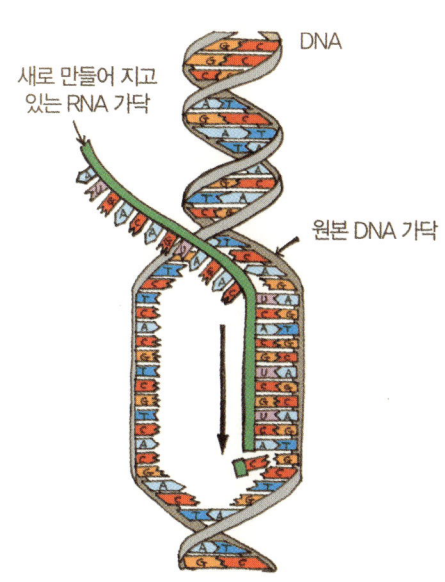

전사(transcription)

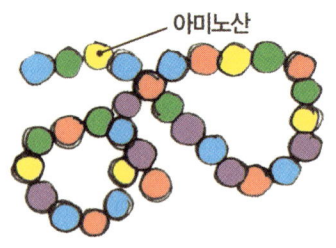

아미노산이 연결되어 만들어진 단백질

만드는 데 사용되고, 이를 위해 번역 과정을 거치게 된다. 이 과정을 이해하기 위해서는 먼저 단백질에 대한 이해가 선행되어야 한다. 단백질은 아미노산들이 줄줄이 연결되어 이루어진 거대 분자이다. 만약 기다란 구슬 목걸이가 복잡하게 엉켜진 구조를 단백질이라고 하면, 여기에서 각 구슬에 해당하는 것이 아미노산이다.

아미노산의 종류에는 20가지가 있고, 20가지 색의 구슬들이 다양한 순서로 색색이 꿰어지며 복잡한 구조로 엉켜 있는 것을 단백질이라고 생각하면 된다. 따라서 단백질의 구조는 일차적으로 20종류의 아미노산들이 어떤 순서로 나열해 있는가 하는 것이다. 즉, DNA에 저장되어 있는 네 가지 염기(A, T, G, C)의 순열 정보가 결과적으로 단백질이 가지고 있는 20종류 아미노산의 순열 정보로 변환되는 것이다.

결국 세포는 DNA의 정보로 그에 해당하는 단백질들을 만들고, 이 단백질들이 세포 내에서 필요한 갖가지 기능을 함으로써 세포가 살아가게 되는 것이다.

DNA 분자가 사용되는 신개념 컴퓨터

　　DNA의 정보 저장성과 화학적 반응성을 이용한 새로운 개념의 컴퓨터를 개발하려는 노력들이 이루어지고 있다. DNA가 저장할 수 있는 정보는 A, T, G, C로 이루어진 4개의 염기가 어떤 순서로 나열되어 있느냐이다. 기존의 컴퓨터는 0과 1을 사용하는 2비트 연산임에 반하여, DNA는 A, T, G, C를 사용하는 4비트 연산이다. DNA의 정보 저장성과 더불어 DNA 컴퓨팅의 또 다른 특징인 DNA의 화학 반응성은 기존 컴퓨터의 순차적 연산 방식을 초월할 수 있게 해 준다. 이는 대용량의 병렬 계산을 필요로 하는 문제들을 매우 효과적으로 풀 수 있는 가능성을 제시해 준다. 대표적인 예로 '순환 외판원 문제(traveling salesman problem)'가 있다. 예를 들어 외판원이 시외 버스를 이용하여 서울을 출발하여 대전, 부산, 광주, 강릉을 한 번씩 방문하고 다시 서울로 돌아와야 한다고 할 때, 가능한 루트가 무엇인가를 찾는 문제이다. 문제에서 시외 버스 노선은 주어지지만, 도시와 도시 간에는 노선이 없는 경우도 있고 편도만 있는 경우도 있다. 각 노선의 버스비까지 고려하여 가장 경제적인 루트를 찾아야 한다면 문제는 더욱 복잡해진다. 외판원이 방문해야 할 도시의 수가 늘어날수록 따져 보아야 할 경우의 수는 엄청나게 늘어나게 되어, 기존의 컴퓨팅 방식으로는 도시의 수가 조금만 늘어나도 슈퍼컴퓨터로도 풀기 어려운 지경에 이르게 된다.

　　이러한 문제에 DNA 컴퓨팅 개념을 도입해 보자. 이를 위해 각 도시별로 DNA 염기 서열을 할당한다. 다음으로 두 도시 간을 연결하는 '길 DNA'를 결정한다. 이때 '길 DNA'의 염기 서열은 두 '도시 DNA'를 연결시켜 줄 수 있도록 상보적이게 할당한다. 예를 들어 서울의 염기 서열을 GTATATCCGA라고 하고, 대전을 CTTAAAGCTA라고 하자. '서울에서 대전으로 가는 길'의 앞부분 절반은 '서울 DNA'의 뒷부분 절반(TCCGA)과 결합할 수 있도록 상보적인 염기 서열을

서울   대전

GTATATCCGA   CT TA A AGCTA
AGGCT   GAATT
서울-대전 길

**각 도시를 나타내는 DNA와 두 도시를 연결
하는 길을 나타내는 DNA**

사용하여 AGGCT로 결정하고, 뒷부분 절반은 '대전 DNA'의 앞부분 절반(CTTAA)
과 결합할 수 있도록 GAATT로 할당한다.

> 서울 DNA GTATATCCGA, 대전 DNA CTTAAAGCTA
> **서울과 대전을 연결하는 길 DNA AGGCTGAATT** --- 서울 DNA의 뒷부분 절
> 반(TCCGA)과 대전 DNA의 앞부분 절반(CTTAA)에 대해 상보적인 서열을 사용함
> 으로써 서울 DNA와 대전 DNA를 연결시켜 준다.

이와 같은 방식으로 모든 도시와 길에 대한 DNA 염기 서열을 결정한 후, 이들 서
열에 따라 DNA를 주문 제작한다. 이렇게 준비된 DNA들을 모두 함께 섞으면 시험
관 내에서 DNA 간의 상보적인 결합에 의하여 외판원이 갈 수 있는 모든 경우의 수
가 일순간에 만들어진다. 이제 이 중에서 모든 '도시 DNA'를 포함하고 있으면서 우
리가 원하는 길이(한 도시씩만 들러야 한다는 조건)를 가진 DNA 가닥만을 골라내
면 된다. 이 과정은 현재 개발되어 있는 분석 방법으로도 충분히 가능하다. 이렇게
골라낸 DNA의 염기 서열을 분석하면, 각 도시를 어떤 순서로 방문해야 하는가에
대한 답을 찾아낼 수 있게 된다. 이와 같이 DNA의 정보 저장성과 화학 반응성을 이
용하여 연산하는 알고리듬을 개발하려는 노력과 더불어, DNA를 사용하여 여러 가
지 형태의 구조물을 제조하여 이를 바이오컴퓨터의 부품으로 사용하려는 하드웨어
연구도 수행되고 있다.

DNA 암호의 비밀

DNA가 가지고 있는 염기 서열의 정보가 단백질이 가지고 있는 아미노산 서열의 정보로 전환되는 과정에서 중간에 mRNA가 정보 전달자(messenger) 역할을 한다. 전사 과정에서는 DNA 염기 서열로 그와 상응하는 염기 서열을 가진 mRNA를 만들고, 번역 과정에서는 전사 과정에서 만들어진 mRNA의 염기 서열에 따라 아미노산을 순서에 맞게 붙여 나간다. 즉, mRNA의 염기 서열은 어떤 아미노산을 어떤 순서로 연결시키는가 하는 정보를 제공해 주는 것이다.

여기에서 생기는 의문은 4진법(4종류의 염기)을 사용하는 DNA와 mRNA의 염기 서열이 어떻게 20진법(20종류의 아미노산)을 사용하는 단백질의 아미노산 서열로 전환될 수 있느냐 하는 것이다. DNA의 염기 하나가 각각 한 종류의 아미노산에 대응하는 부호라면, 네 종류의 아미노산만을 나타낼 수밖에 없다. 또한 DNA 염기 2개씩이 한 세트가 되어 한 종류의 아미노산을 나타내는 부호라면, 16(4×4 = 16)종류의 아미노산을 나타내게 된다. 아미노산의 종류는 20가지이므로 이 경우에도 충족시키지 못하게 된다.

만약 DNA 염기 3개씩이 한 세트가 되어 한 종류의 아미노산을 부호화한다면, 64(4×4×4 = 64)종류의 아미노산을 나타내게 되므로 이것은 우리가 필요로 하는 20종류보다도 훨씬 많은 셈이 된다. 이와 같은 계산에 따르면, 그 어느 것도 DNA의 정보에서 단백질 정보로 전환되는 것을 명쾌하게 설명해 주지 못하고 매우 혼란스러워진다. 그러나 DNA 염기 3개가 한 세트(3중 부호, triplet)로 작용하는 경우에 64가지 경우의 수가 생기지만, 이들 중 몇 개씩이 공통적으로 한 종류의 아미노산을 표시한다면 20종류의 아미노산을 나타내는 것이 가능해진다. 과학자들은 이 같은 아이디어를 확인하는 실험을 통하여 각 아미노산은 DNA 3중 부호에 의해 결정된다는 것을 확인하였다.

즉 DNA 염기 서열 중간에 1개나 2개의 염기가 제거되면, 3개씩이 한 세트를 이루고 있는 각 세트가 흐트러져 전혀 다른 아미노산 정보로 전환되게 된다. 그러나 3개의 염기 서열이 통째로 한 세트가 제거되면, 그 뒤에 나오는 아미노산 서열에는 영향을 미치지 않게 된다는 것을 실험적으로 확인하였다. 예를 들어 세 문자의 단어로 이루어진 다음과 같은 문장을 생각해 보자.

YOU CAN USE THE PEN.

이 문장에서 한 문자가 제거되면(예를 들어 Y) 그 다음에 오는 모든 단어들이 깨어져 알 수 없는 단어가 된다(OUC ANU SET HEP EN). 두 문자가 제거되는 경우(예를 들어 YO)에도 마찬가지이다(UCA NUS ETH EPE N). 그러나 세 문자가 제거되면(예를 들어 YOU) 첫 단어는 없어지지만 나머지 단어들은 영향을 받지 않게 된다(CAN USE THE PEN).

이와 같이 염기 3개가 한 세트로 작용하고, 이 한 세트(3중 부호)는 1개의 아미노산을 표시해 준다. 즉 각 세트(3중 부호)의 서열에 따라 아미노산의 서열이 결정되고, 이 서열에 따라 아미노산이 연결됨으로써 단백질이 만들어진다.

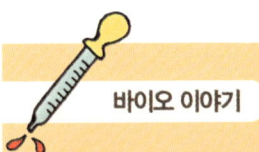

DNA의 비밀 해독을 위한 RNA 타이 클럽

　DNA에서 단백질로 이어지는 정보의 흐름 과정에 관여하는 mRNA의 역할을 연구하기 위하여 20명의 과학자들이 RNA 연구회를 조직하였다. 이 모임은 물리학자인 가모브(George Gamow, 1904~1968)와 DNA 구조를 밝힌 왓슨에 의해 주도되었다. 20종류의 아미노산을 한 사람당 하나씩 맡는다는 의미에서 20명의 회원으로 구성되었고, 회원들은 아미노산의 이름으로 각자의 닉네임을 지었다. 가모브는 아미노산 중 알파벳순으로 가장 먼저인 알라닌을 선택하여 '알라(Ala)' 라는 닉네임을 가졌고, 왓슨은 프롤린을 선택하여 '프로(Pro)' 라는 닉네임을 가졌다. 이 당시 가모브가 왓슨에게 보낸 편지를 보면, 'Dear Pro' 로 시작하여 'Sincerely yours, Ala' 로 끝나는 것을 볼 수 있다. 멤버 중에는 왓슨과 함께 DNA 구조를 밝힌 크릭도 물론 있었고, 우리에게 잘 알려진 물리학자인 파인먼(Richard Feynmann)도 초청되었다. 이들은 클럽 넥타이를 디자인하여 매고 모임에 참석하였고, 각자의 아미노산 닉네임이 새겨진 넥타이 핀도 제작하여 착용하였다. 이 모임의 이름은 넥타이를 의미하는 '타이 클럽' 이라고 명명되었다. 이들의 노력으로 우리는 이제 mRNA의 역할을 잘 이해하게 되었다. 이 클럽을 주도하였던 가모브는 러시아 출신의 물리학자로서 재미있는 일화를 가지고 있다. 그가 발표한 논문 중에는 우주 화학 원소와 관련된 한 논문이 있는데, 그 논문은 대학원생인 앨퍼(Alpher)와 자신의 연구 결과

RNA 타이 클럽

였다. 그런데 그는 그 연구와는 관련이 없는 베테(Bethe)라는 이름을 가진 친구를 저자로 추가해 넣고 혼자서 흐뭇해하였다. 그는 저자 이름에 알파(α)와 발음이 비슷한 앨퍼도 있고, 감마(γ)와 발음이 비슷한 가모도 있는데, 가운데 베타(β)가 빠져 있다고 생각하였던 것이다. 그 후 이 논문은 저자들의 이름 때문에 그 분야에서 $\alpha\beta\gamma$ 논문으로 불리고 있다. 과학자들은 엉뚱하게도 아무도 안 알아주어도 자기 만족에 겨워 아무도 안 보는 데서 혼자서 웃는 재미에 사는 면이 다분히 있다. 이 논문이 발간된 날은 1948년 4월 1일이었는데, 공교롭게도 만우절이다.

DNA 암호 해독 과정

DNA의 염기 서열은 이것에 1:1로 대응하는 mRNA의 각 염기 서열로 전환된다. 즉, DNA 3중 부호들의 서열은 이에 대응하는 mRNA 3중 부호들의 서열로 전환되고, mRNA 3중 부호들의 서열은 이에 대응하는 각 아미노산들의 서열로 전환되어 단백질을 만들어 낸다는 것을 알았다. mRNA 3중 부호를 우리는 코돈(codon)이라고 부른다. 각 코돈에 대응하는 아미노산들은 다음의 그림과 같다.

동심원의 안쪽에서 바깥 방향으로 염기를 읽어 나가면 3개의 염기 한 세트에 대응하는 아미노산을 보여 준다. 예를 들어 안쪽부터 바깥쪽으로 읽어 나가는 염기 서열이 GCU이면 해당 아미노산은 알라닌(Ala)이고, UGG이면 트립토판(Trp)이다. 종료 코돈의 경우에는 대응하는 아미노산이 존재하지 않으며, 이 코돈을 만나면 단백질 생성이 종료된다.

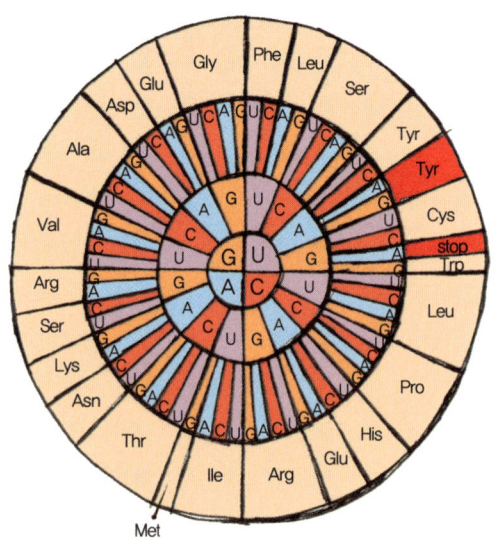

동심원의 안쪽에서 바깥 방향으로 염기를 읽어 나갈 때, 3개의 염기 한 세트에 대응하는 아미노산을 보여 준다. 종료(stop) 코돈의 경우에는 이에 대응하는 아미노산이 존재하지 않으며, 이를 만나면 단백질 생성이 종료된다.
아미노산 Ala(알라닌), Arg(아르기닌), Asn(아스파라긴), Asp(아스파르트산), Cys(시스테인), Gln(글루타민), Glu(글루탐산), Gly(글리신), His(히스티딘), Ile(이소류신), Leu(류신), Lys(리신), Met(메티오닌), Phe(페닐알라닌), Pro(프롤린), Ser(세린), Thr(트레오닌), Trp(트립토판), Tyr(티로신), Val(발린), Stop : 종료 코돈

각 아미노산의 mRNA 암호(코돈)

그렇다면 이 코돈은 어떤 과정을 통해서 아미노산 서열로 전환되는가를 살펴보기로 하자. 이 과정이 앞에서 언급한 번역 과정이고, 이 과정에서 리보솜(ribosome)과 운반 RNA(transfer RNA, ARNA)가 중요한 역할을 한다. 리보솜은 눈사람처럼 생긴 구조를 가지고 있으며, 단백질을 생산하는 공장 역할을 한다.

이곳에서 mRNA 코돈에 따라 이에 상응하는 아미노산을 붙여 나가는 작업이 이루어진다. 이때 아미노산을 운반해 오는 임무를 담당하고 있는 것이 tRNA이다. tRNA는 피자 배달부가 피자를 손에 받쳐 들고 배달하듯이, 아미노산을 받쳐 들고 이를 리보솜으로 운반해 온다. 각각

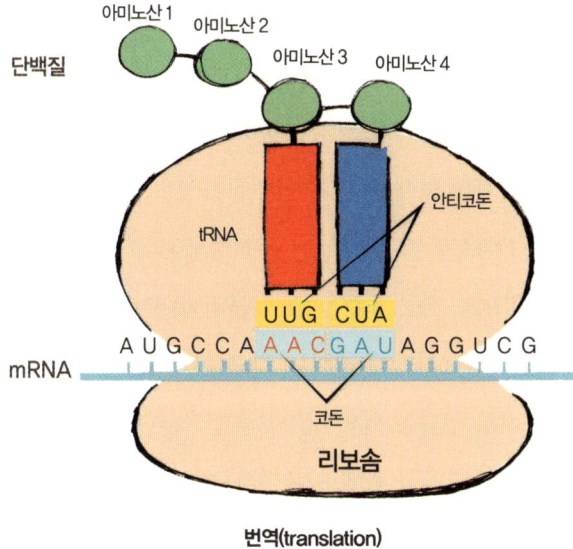

아미노산 1　아미노산 2　아미노산 3　아미노산 4

단백질

tRNA

안티코돈

UUG CUA

AUGCCAAACGAUAGGUCG

mRNA

코돈

리보솜

번역(translation)

의 tRNA는 자기가 운반해야 할 아미노산의 종류가 정해져 있는데, 이 것은 tRNA 맨 밑바닥에 위치한 3개의 염기와 관련이 있다. 이 tRNA 밑 바닥의 3개의 염기 세트를 코돈과 상보적 관계에 있는 안티코돈 (anticodon)이라고 한다. 즉, tRNA 밑바닥에 어떤 안티코돈이 있느냐에 따라서 그 tRNA가 운반하는 아미노산이 어떤 것이냐가 정해져 있다.

안티코돈이란 이름은 이 부분이 mRNA의 코돈 부분과 결합하기 때 문에 붙여진 것이다. mRNA 상의 코돈에 대응하는 안티코돈을 가지고 있는 tRNA가 자기에게 할당된 아미노산을 운반해 와서 mRNA의 코돈 과 결합을 한다. 즉, 아미노산을 받쳐 든 tRNA가 자신의 밑바닥에 있 는 안티코돈 부위를 이용하여 mRNA의 해당 코돈 부위와 결합을 하는 것이다. 이 과정을 통해 mRNA의 유전정보인 코돈의 서열이 아미노산 서열로 바뀌게 되고, 이 순서에 의해 아미노산이 줄줄이 연결되어 단백질이 만들어지게 된다. 이와 같은 방법으로 아미노산들을 붙여 나가다가 종료 코돈을 만나면 단백질 생성이 종료된다.

결국 DNA 정보는 mRNA를 거쳐 단백질을 만드는 정보로 변환되는 것이다. 이것은 DNA가 가지고 있는 유전정보는 고작 어떤 단백질을 만드느냐 하는 정보를 제공해 주는 것에 불과하다는 이야기이다. 그렇다면 세포 내에는 단백질만 존재하는 것도 아닌데 왜 DNA가 세포의 모든 정보를 가지고 있다는 말인가? 앞에서 언급한 바와 같이 세포의 주요 구성 성분에는 단백질 외에도 탄수화물, 지질, 핵산 등이 있으며, 이 외에도 이들보다는 분자의 크기는 작지만 유기산을 비롯한 수많은 종류의 유기 물질들이 있는데도 말이다.

그 이유는 세포 내에 존재하고 있는 이 모든 물질들을 만드는 데 단백질이 일일이 관여하고 있기 때문이다. 세포 내에서는 생명체를 유지시키기 위해 무수히 많은 생화학 반응이 일어나고 있다. 이 반응들에 촉매 역할을 하는 것이 효소(enzyme)이며, 이 효소들이 없으면 각 반응들은 거의 진행되지 않는다. 따라서 탄수화물, 지질, 핵산 등 세포가 살아가기 위해 필요한 물질을 생산하는 모든 반응들은 일일이 효소를 필요로 한다. 그런데 이 모든 효소가 단백질이다. 따라서 각 반응들은 그 반응에 작용하는 효소에 의해 좌우되고, 이 효소의 생산은 DNA 정보에 의해 좌우된다. 결과적으로 세포의 운명이 DNA 정보에 의해서 좌우되는 것이다. 물론 단백질에는 촉매 역할을 하는 효소 외에도 다양한 기능의 다른 단백질들이 있으며, 다음 장에서는 이들에 대하여 이야기하겠다.

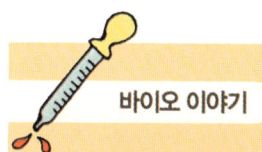

DNA에 결함을 가지고 탄생한 버블 보이

　　DNA에 결함이 있으면 제대로 된 단백질이 만들어지지 못하고, 그렇게 되면 세포는 정상적인 기능을 할 수 없게 된다. '데이비드 베터'라는 아이는 DNA 결함에 의한 선천성 면역결핍증을 가지고 태어났다. 병원균에 감염되면 목숨을 잃을 수 있기 때문에 이 아이는 태어나면서부터 무균 상태로 유지되는 투명한 플라스틱 공간(버블 공간) 속에서 살아야 했다. 때문에 '버블 보이'라는 별명을 얻게 되었고, 이를 모델로 하여 〈버블 보이〉라는 영화도 제작되었다.

　　이 아이가 태어나기 전부터 이미 이러한 병에 걸릴 것이라는 것을 알았기 때문에 부모는 의사와 상의하여 이 같은 상황에 대비한 만반의 준비를 하였다. 이 질병을 위한 치료법이 개발될 때까지 데이비드를 무균 공간에서 키우기로 하였던 것이다. 의학의 발전 속도를 고려할 때 치료법의 개발이 그리 오래 걸리지 않을 것이라는 판

투명한 플라스틱 공간(버블 공간) 속에서 살아야 하는 버블 보이

단하에 이와 같은 작업에 착수하였던 것이다. 그러나 치료법이 곧 개발될 것이라는 기대는 쉽게 이루어지지 않았다. 시간이 흘러 이 사실이 일반인들에게 점차 알려지게 되었고, 급기야는 전국적인 관심거리가 되기에 이르렀다. 미국 항공우주국은 데이비드가 무균 공간에서 나와서 바깥 세상을 구경할 수 있도록 옷 내부에 무균 상태를 유지할 수 있는 우주복을 제공해 주기도 하였다.

담당 의사는 데이비드가 12세가 되던 해에 드디어 기다리던 수술을 단행하기로 결정하였다. 이제 조직 이식 치료법이 발전하여 이를 이용한 치료가 가능해졌다는 판단하에 내린 결단이었다. 이 수술을 통해 데이비드는 누나의 골수를 이식받았으나 불행히도 누나의 골수는 바이러스에 감염되어 있었고, 면역력이 없는 데이비드의 몸은 이를 방어할 능력이 없었다. 사태가 심각해지자 데이비드는 무균 공간에서 밖으로 옮겨져서 집중적인 치료를 받았고, 얼마 지나지 않아서 모든 사람들이 안타까워하는 가운데 세상을 떠났다.

그동안 무균실 벽에 걸어 놓은 고무장갑을 통해서만 다른 사람과 접촉했던 데이비드는 세상을 떠나기 전 짧은 시간 동안에 그동안 느껴 보지 못했던 따뜻한 인간의 손길을 직접 느낄 수 있었다.

데이비드 이후에 이 질병을 앓고 있는 아이들에게 정상적인 유전자를 직접 주입하는 방법인 유전자 치료가 시도되었다. 유럽에서 16명의 아이에게 시도된 유전자 치료에서 15명의 아이가 치료 후 4년 동안 정상적인 삶을 살 수 있었다. 그러나 이 방법도 아직까지 해결책을 제시해 주지는 못하고 있다.

DNA 암호에 수록된 모든 일을 도맡아 수행하는 단백질

세포가 살아가는 데 필요한 정보는 DNA에 수록되어 있지만, 그 정보를 실행에 옮기기 위해 DNA가 직접 행동에 나서지는 않는다. 대신에 그 정보를 넘겨받아 만들어진 단백질들이 모든 일을 도맡아 수행한다. 즉 DNA가 세포 내에서 두뇌의 역할을 한다면, 그 두뇌의 명령에 따라 일을 직접 수행하는 손과 발의 역할을 맡고 있는 것이 단백질이다.

세포 내의 단백질은 특별한 경우를 제외하고는 대부분 수용성으로서 세포 내 용액인 세포질에 녹아 있는 상태로 존재한다. 단백질의 가장 중요한 임무 중의 하나는 앞에서 이야기한 바와 같이 세포 내에서 일어나는 수많은 반응에 촉매로 작용하여 각 반응을 촉진시키는 일이다. 세포는 살아가기 위해 자신의 몸을 구성하는 각종 물질과 에너지를 생산한다. 이 과정을 대사 작용이라고 하며, 이것은 수많은 생화학 반응을 통하여 이루어진다. 이 반응들 하나하나마다 각기 다른 종류의 촉매가 작용하며, 이 촉매 작용을 하는 단백질을 효소라고 부른다.

이 책에서는 주로 세포 내에서 일어나는 일들에 대하여 이야기하고 있지만, 세포라는 관점을 떠나서 우리 몸이라는 개체의 관점에서 보면 단백질의 역할은 촉매 작용 이외에도 운반 작용, 면역 작용, 운동 작용 등 매우 다양하다. 우리가 잘 알고 있는 예도 많이 있다. 촉매 작용을 하는 것으로는 소화 효소가 있다. 소화 효소는 음식물을 소화시키는 과정, 즉 음식물을 작은 분자로 분해하는 반응에서 촉매 역할을 하는 단백질이다. 운반 작용을 하는 단백질에는 피 속에서 산소를 실어 나르는 역할을 하는 헤모글로빈이 있고, 면역 작용을 하는 단백질에는 외부에서 병원균이 들어오면 이에 대항하는 역할을 하는 항체가 있다. 우리의 근육 속에는 운동 작용을 하는 단백질들이 포함되어 있고, 우리 몸의 피부와 뼈를 구성하고 있는 단백질도 있다. 머리 카락, 손톱, 발톱 등도 단백질 인데, 이것들은 물에 녹 지 않는 단백질이다.

앞에서 우리는 단 백질을 아미노산 구 슬들로 이루어진 구 슬 목걸이에 비유하 였다. 단백질 분자는 물 분자보다 보통 1만배 이상 크기가 크고 복잡한 구조를 가지고 있다. 즉, 단백질이라는 구슬 목걸이는 길이가 매우 길고 복잡하게 엉켜진 구조를 하고 있다. 여기에서 중요한 것은, 단백질이 그 기능을 제대로 수행할 수 있기 위해서는 복잡하게 엉켜진 공간적인 모양인 3차원적 구조를 그대로 유지하고 있어야 한다는 것이다. 만약 그 3차원적인 구조가 흐트러지면 그 기능을 제대로 발휘할 수 없게 된다. 이 구조가 제대로 유지되기 위해 중요한 환경 조건은 온도와 pH(수소 이온 농도 지수)이다. 온도가 높아진다든지 또는 강한 산성 조건에 노출되면, 이 구조가 제대로 유지되지 못하고 파괴된다. 이렇게 되면 이 단백질은 자신의 기능을 잃어버리고 제 역할을 수행하지 못하게 된다.

이런 이유 때문에 뒤에서 논의할 유전자 재조합 기술에 의해 생산된 단백질 신약들은 입으로 복용할 수 없고 주사로 투여되어야 한다. 만약 이 단백질들을 알약을 먹듯이 입으로 복용하면 위를 통과할 때 강한 산성을 가진 위액과 만나게 되어 그 구조가 깨어지게 된다. 이렇게 되면 피 속으로 흡수되어 몸의 필요한 부분으로 전달되기 전에 그 기능을 잃어버리고 만다. 이렇듯 단백질의 제 기능을 유지하기 위해서는 단백질 원래의 구조를 그대로 간직하는 것이 중요하다. 이런 물질들을 보관할 때 냉장고나 냉동고에 보관하는 이유도 낮은 온도일수록 그 고유한 구조를 잘 보존해 주기 때문이다.

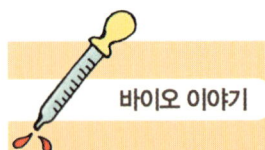
단백질 구조를 바꾸는 머리카락 파마

단백질이 제 기능을 하기 위해서는 3차원적 구조가 중요하다는 이야기를 하였다. 이 3차원적 구조가 변형되지 않고 탄탄하게 유지되게 하는 데 커다란 역할을 하는 것이 이황화 결합(disulfide bond)이다. 이 이황화 결합은 2개의 황(S)이 다리 역할을 하는 결합으로서, 단백질 분자 내의 인접 부위를 서로 붙잡아 매는 역할을 하여 전체 구조가 쉽게 변형되지 못하게 한다. 다시 말해서 단백질 분자 내에 존재하는 이황화 결합을 끊어 버린다면 그 전체 구조가 제대로 유지되지 못하고 쉽게 부서져 버린다는 것이다.

머리카락은 케라틴(keratin)이라는 불용성 단백질로 이루어져 있다. 직모의 경우 머리카락이 곧게 뻗는 이유는 기다란 형태의 케라틴 단백질 분자가 바로 옆의 케라틴 분자와 평행한 상태로 결합되어 있기 때문이다. 이 평행한 케라틴 분자들은 무수히 많은 이황화 결합(S-S)을 하고 있으며, 이 결합에 의해 그 형태가 쉽사리 파괴되지 않고 곧게 뻗은 형태를 유지하고 있다.

이렇게 곧게 뻗어 있는 머리카락을 구불거리는 형태로 변형시켜 멋을 내기 위해

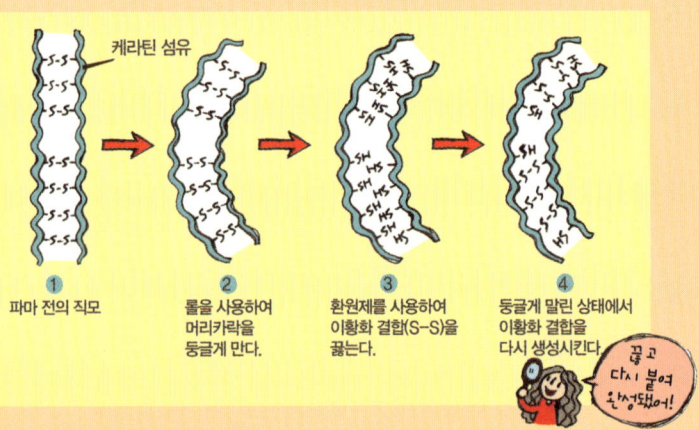

단백질의 구조를 변형시키는 머리카락 파마

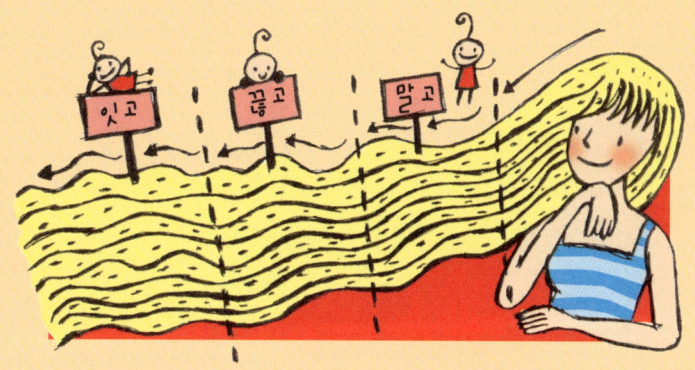

서는 우선적으로 원기둥 형태의 롤을 사용하여 머리카락을 그 주위로 둥글게 만다. 다음으로는 케라틴 분자들이 곧게 뻗은 특성을 유지하도록 서로를 단단하게 붙잡아 매고 있는 이황화 결합(S-S)을 끊어 줘야 한다. 이를 위해서 환원제가 사용되는데, 환원제는 S-S 결합을 끊고 각각을 SH 형태로 바꾸어 준다. 이렇게 되면 평행한 형태를 유지하도록 지지하고 있던 S-S 결합이 모두 끊어지게 되고, 둥글게 말린 상태에서 케라틴 분자 하나하나가 제각각 떨어져 존재하게 된다.

다음으로는 롤을 제거하더라도 머리카락이 둥글게 말린 상태의 모양을 그대로 유지하게 할 필요가 있다. 이를 위하여 말려 있는 상태로 가닥가닥 떨어져 있는 케라틴 분자들 간에 S-S 결합을 다시 형성하게 한다. 이렇게 되면 말려 있는 형태가 그대로 보존되도록 S-S 결합이 생성되므로, 롤을 제거하더라도 머리카락은 둥근 웨이브 형태를 그대로 유지할 수 있게 된다. 결국 미용실에서 하는 파마는 곧게 뻗은 머리카락 단백질의 이황화 결합을 끊어 낸 후 머리카락이 웨이브 형태를 유지하도록 단백질 간의 이황화 결합을 재구성하는 작업인 것이다.

필요에 따라 ON/OFF되는 유전정보

배추벌레는 더 자라면 나비가 된다. 배추벌레와 나비는 우리 눈으로 보기에도 너무나 다르게 생겼다. 그러나 배추벌레가 자라서 나비가 되는 과정에서 DNA가 변하는 것은 아니다. 같은 DNA를 가지고 있는데 왜 그렇게 다른 모습을 하게 되는가? 아기가 잉태되는 과정을 보면 정자와 난자가 결합하여 1개의 세포가 생기고, 이 세포가 많은 수로 불어나면서 점점 아기의 모습으로 발전한

음... 같은 DNA?

다. 이 과정에서 생긴 무수히 많은 세포들은 모두 동일한 DNA를 포함하고 있다. 그런데 왜 어떤 세포는 피부 세포가 되고, 어떤 세포는 심장 세포가 되는가? 이것은 동일한 유전정보를 가지고 있을지라도 필요한 것만 사용하고 불필요한 것은 사용하지 않기 때문에 생기는 결과이다.

DNA의 염기 서열 중 특정 단백질을 만드는 데 필요한 정보를 가진 부위를 유전자(gene)라고 부른다. 즉 한 유전자는 그에 해당하는 한 종류의 단백질을 만드는 데 필요한 정보를 가지고 있는 셈이며, DNA 상에는 수많은 유전자가 존재하고 있다. 어떤 유전자가 전사와 번역을 거쳐 해당 단백질을 만들면, 그 유전자는 발현(expression)되었다고 말한다.

유전자가 발현되기 위해서는 DNA 상에 꼭 필요한 몇몇 부위들이

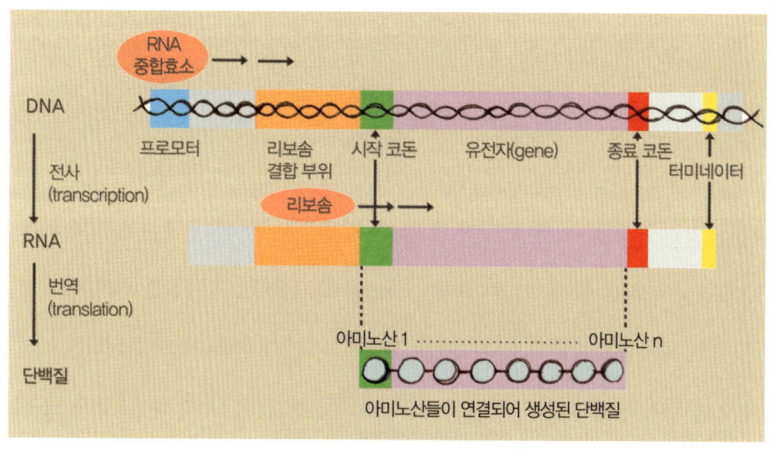

유전자 발현을 위한 주요 부위

있다. DNA에서 mRNA가 만들어지는 전사 과정은 RNA 중합 효소 (RNA polymerase)가 DNA의 특정 부위와의 결합을 시작으로 하여 진행되는데, 이 과정을 위하여 필요한 DNA 상의 주요 부위로는 프로모터(promoter)와 터미네이터(terminator)가 있다.

프로모터는 RNA 중합 효소가 DNA에 결합하여 mRNA를 만들어 나가기 시작하는 곳이고, 터미네이터는 mRNA 합성이 완료되어 RNA 중합 효소가 DNA에서 떨어져 나가는 부위이다.

전사 과정을 거쳐 mRNA가 만들어지면, 다음으로 이 mRNA에 리보솜이 결합되어 단백질이 만들어지는 번역 과정이 진행된다. 이 번역 과정을 위하여 필요한 주요 부위로는 리보솜 결합 부위, 시작 코돈, 종료 코돈이 있다. mRNA 상의 리보솜 결합 부위에 리보솜이 결합을 하면, 시작 코돈을 필두로 하여 해당 아미노산을 붙여 나가는 작업이 진행되어 종료 코돈을 만날 때까지 수행된다. 모든 유전자 정보는 이와 같은 과정을 거쳐서 발현된다(즉, 단백질을 생산한다).

유전자가 필요할 때는 발현을 시키고, 불필요할 때는 발현을 억제하는 조절 작용은 주로 전사 과정에서 일어난다. RNA 중합 효소가 프로모터에 붙은 후 DNA를 따라 움직여 가면서 전사가 일어나는데, 이 과정을 방해함으로써 유전자의 발현을 억제하는 것이다. 이 조절을 위한 DNA 상의 부위를 오퍼레이터(operator)라고 부르고, 이 오퍼레이터 부위에 억제 인자(repressor)가 붙음으로써 유전자 발현이 억제된다.

오퍼레이터의 위치가 프로모터 바로 뒤에 있어서 억제 인자가 오퍼레이터에 붙으면 RNA 중합 효소는 억제 인자에 가로막혀 움직이지 못하게 된다. 이렇게 되면 이 유전자는 전사 과정을 거칠 수 없게 되므로 발현되지 않는다.

가장 잘 알려진 유전자 발현 조절 메커니즘은 우유에 들어 있는 당분인 젖당(lactose)을 분해하는 유전자에 대한 것이다. 이 유전자는 젖당이 세포로 공급되지 않을 때에는 발현될 필요가 없으므로 억제 인자가 오퍼레이터에 붙어서 전사가 진행되지 않는다. 즉, 평상시에는 그 유전자가 'OFF' 되어 있다. 그러나 젖당이 있으면 세포는 이를 분해하여

젖당이 없을 때

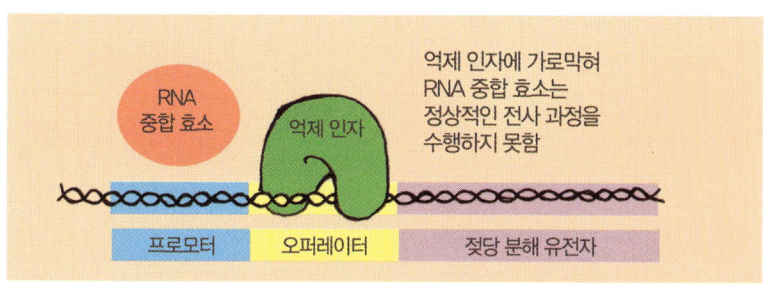

젖당이 있을 때

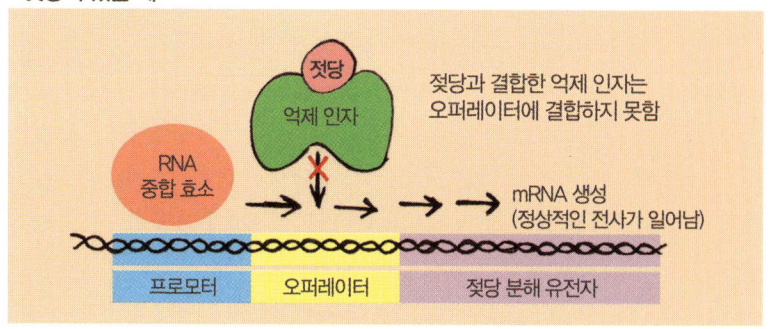

젖당 분해 유전자 발현의 조절

영양소로 사용할 필요가 있게 된다. 따라서 젖당 분해 유전자를 발현시켜 해당 단백질(젖당 분해 효소, lactase)을 생산하여 젖당을 분해하여 영양소로 사용하려고 한다.

세포 내로 젖당이 들어오면 이 젖당은 억제 인자와 결합을 한다. 젖당과 결합한 억제 인자는 기하학적 형태에 변형이 일어나서 자기가 원래 붙어야 하는 자리인 오퍼레이터에 붙지 못하게 된다. 이렇게 되면 프로모터에 붙은 RNA 중합 효소가 DNA를 따라 움직여 가면서 mRNA를 만드는 전사 과정이 진행된다. 결과적으로 젖당이 없을 때는 'OFF' 되었던 것이, 젖당이 존재하게 되면 이를 분해하는 유전자가 'ON' 되는 것이다. 세포 내의 많은 유전자들이 이와 비슷한 유전자 발현 조절 메커니즘을 통해 필요할 때는 'ON' 되고, 불필요할 때는 'OFF' 되는 효율적인 시스템을 갖추고 있다.

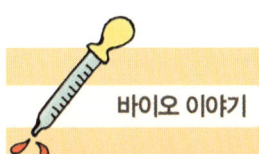

우유를 마시면 설사를 하는 사람들

우유를 마시면 설사를 하는 사람들이 있다. 우유 속에 들어 있는 당분인 젖당을 분해하는 효소가 결핍되어 있기 때문이다. 대부분의 백인들에게는 이런 문제가 발생하지 않으나, 동양인이나 흑인들에게는 빈번하다. 앞에서 젖당 분해 효소는 젖당의 존재하에서 그 생산이 유도된다는 이야기를 하였다. 우유를 마시면 설사를 하는 사람일지라도 우유를 지속적으로 마시면 우유 속의 젖당이 젖당 분해 효소의 생산을 유도하여 이 문제가 해결될 수도 있다. 그러나 우유만 마시면 당장 설사가 나니 이를 감수하며 지속적으로 마시기란 쉬운 일이 아니다.

그렇다면 우유를 마시면 설사가 나오는 이유가 무엇인가? 이를 이해하기 위해서는 먼저 설사가 나오는 원리를 살펴볼 필요가 있다. 설사의 원인은 삼투압과 관련이 있는데, 앞에서도 삼투압에 대하여 잠시 언급하였지만 물은 염분의 농도가 높은 쪽으로 이동해 가려는 경향이 있다. 설사도 이런 물의 이동에 의해서 발생한다.

우유를 잘 소화시키는 사람의 경우에는 작은창자에서 젖당 분해 효소에 의해 젖

삼투압
물이 소금을 묽히려고
소금물 쪽으로 이동

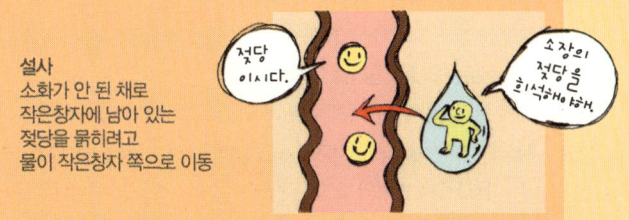

설사
소화가 안 된 채로
작은창자에 남아 있는
젖당을 묽히려고
물이 작은창자 쪽으로 이동

삼투압과 설사

당이 더 작은 분자들(포도당과 갈락토오스)로 분해되고 창자 벽의 실핏줄 속으로 흡수되어 그 영양분이 온몸에 전달된다. 그러나 젖당 분해 효소가 결핍된 사람의 경우에는 젖당이 소화가 안 된 채로 작은창자에 그대로 남아 있으므로 우리 몸에 있는 물이 젖당이 있는 작은창자로 몰려들게 된다. 이는 앞에서 삼투압을 설명한 예에서 마치 물이 소금물이 있는 쪽으로 몰려드는 것과 같은 현상이다. 즉, 과도한 물이 작은창자로 몰려듦으로써 설사가 발생하게 된다.

우유를 마시면 설사가 나오는 사람들을 위해 이런 문제가 없는 우유가 개발되어 시판되고 있다. 즉, 젖당 분해 효소가 들어 있는 우유이다. 이런 우유를 담고 있는 용기에 깨알같이 적힌 성분들을 유심히 들여다보면 젖당 분해 효소가 들어 있음을 발견하게 될 것이다. 또는 이 효소를 따로 구입하여 유제품을 먹을 때 함께 복용함으로써 속이 불편한 것을 막을 수 있다.

설사로 고통을 받기도 하지만, 이와는 반대의 경우로 고통을 받기도 한다. 바로 변비이다. 이 경우에는 설사의 원리를 이용하여 고통을 완화시킬 수 있다. 즉 창자 내로 물이 몰려들게 하는 방법인데, 이를 위해 사용되는 것이 마그네슘 이온이다. 이를 섭취하면 창자 내의 이온 농도가 높아지고 이를 희석시키기 위해 몸속의 물이 창자 쪽으로 이동해 나옴으로써 변비의 고통이 완화된다. 이 모든 것이 용매를 이용하여 삼투압의 방향을 조절함으로써 물이 이동해 가는 방향을 조절하는 원리이다.

유전정보를 이용하여 영양분을 소화시키고 에너지를 얻는 세포들

DNA에 저장되어 있는 정보는 단백질로 발현됨으로써 그 기능이 발휘되고, 단백질로의 발현은 필요에 의해 적절히 조절된다는 이야기를 하였다. 세포는 이처럼 필요한 유전정보를 적절히 발현시킴으로써 살아간다. 세포가 살아가기 위해서는 영양분을 섭취해 이것을 분해하면서 에너지를 얻는 과정과, 분해된 작은 분자들과 에너지를 이용해 자기에게 필요한 분자들을 다시 만들어 내는 과정이 지속적으로 수행된다.

전자를 이화 작용, 후자를 동화 작용이라고 한다는 것은 이미 앞에서 언급한 바 있다. 이화 작용과 동화 작용을 합하여 대사 작용이라고 한다. 이와 같은 대사 작용은 세포 내에서 일어나는 무수히 많은 생화학 반응에 의하여 진행되는데, 각 반응은 그 반응을 담당하는 촉매인 효소에 의해 진행된다. 효소는 촉매 작용을 하는 단백질임을 기억하기 바란

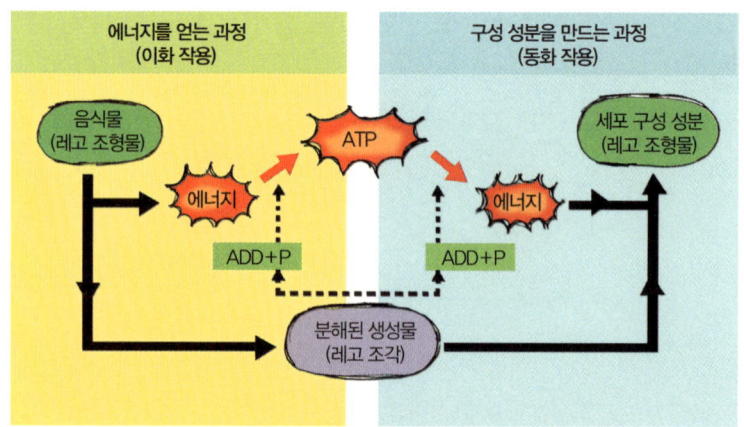

에너지를 얻는 과정
(이화 작용)

구성 성분을 만드는 과정
(동화 작용)

음식물
(레고 조형물)

에너지

ATP

세포 구성 성분
(레고 조형물)

에너지

ADD+P

ADD+P

분해된 생성물
(레고 조각)

세포가 에너지를 얻는 과정과 세포 구성 성분을 만드는 과정

다. 그렇다면 각 반응을 담당하는 효소들은 어떻게 만들어졌는가? 그렇다. 앞에서 이야기한 바와 같이 유전자 발현에 의해 만들어졌다. 세포가 살아가기 위해 진행되는 대사 과정 모두 유전자 하나하나가 담당하고 있다는 이야기이다. 따라서 유전자 하나에라도 이상이 생기면 세포 내에서 정상적인 대사 작용이 일어나지 않게 된다.

세포가 어떻게 살아가는지를 이해하기 위해서는 세포를 구성하는 성분들을 어떻게 만들고, 필요한 에너지를 어떻게 얻는지를 이해해야 한다. 세포는 살아가기 위해 영양분을 섭취한다. 섭취한 영양분은 커다란 분자들이다. 따라서 세포 자신에게 맞는 것으로 만들기 위해서는 먼저 작은 물질로 분해해야 한다. 만일 섭취한 영양분이 레고 장난감으로 만든 커다란 조형물이라고 생각한다면, 자기에게 맞는 새로운 모형을 만드려면 먼저 이것을 레고 장난감 조각 하나하나로 분해해야 한다.

이 과정이 바로 이화 작용이며, 이 과정에서 에너지가 생성된다. 마치 양초에 불을 붙이면 양초가 타서 분해되면서 열에너지가 발생하듯이 말이다.

세포 내에서 이용되는 에너지는 ATP(adenosine triphosphate)라고 불리는 물질이다. 세포 내에서 만들어진 에너지는 ATP에 저장되고, 필요한 에너지를 사용할 때도 ATP를 사용한다. 세계 여러 나라를 여행할 때 달러가 통용되는 것과 비슷하다. 어느 나라를 가더라도 달러를 안 받는 곳은 거의 없기 때문에 출국하기 전 달러로 환전하면 편리하다. 마찬가지로 ATP는 세포 내 어디에서도 통용되는 에너지로서 ATP 형

태로 저장된 에너지는 필요할 때 세포 내의 적재적소에서 유용하게 사용된다.

우리는 밥을 먹음으로써 에너지를 얻는다. 밥은 탄수화물로서 소화효소에 의해 잘려지고 또 잘려져 포도당(glucose)이 된다. 이 포도당은 작은창자에서 흡수되어 피를 타고 온몸을 돌면서 신체의 모든 세포들에게로 전달된다. 포도당은 세포가 가장 좋아하는 영양분이다. 세포 속으로 들어온 포도당은 해당 작용(glycolysis), TCA 회로(TCA cycle, Krebs cycle), 전자 전달 경로(electron transport pathway)라는 세 가지 단계를 거치면서 ATP를 생산한다. 우리는 밥(탄수화물) 이외에도 지방, 단백질 등을 섭취한다. 이와 같은 영양소도 소화되는 과정에서 작은 크기의 분자로 분해되어 세포로 흡수되고, TCA 회로와 전자 전달 경로를 거치면서 ATP를 생산한다.

이러한 과정을 거치면서 작은 크기로 분해된 분자들은 세포를 이루는 구성 성분들을 만들기 위한 레고 장난감 조각들로 사용된다. 이 레고 조각들을 끼워 맞춰서 세포가 필요로 하는 각종 구성물들(새로운 레고 조형물)을 만들어 나가는 과정이 동화 작용이다. 이 과정에서는 앞의 이화 작용 시 생산해 놓은 ATP를 사용하며, 세포 자신이 필요로 하는 성분들을 만들면서(생합성을 하며) 성장해 가는 것이다.

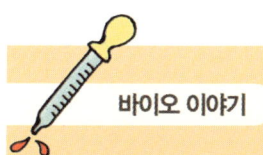
DNA 결함과 연관된 다이어트 음료의 경고문

　세포가 살아가기 위해 진행되는 대사 과정 모두 유전자 하나하나가 담당하고 있으며, 그 유전자 하나에라도 이상이 생기면 세포 내에서 정상적인 대사 작용이 일어나지 않게 된다는 이야기를 하였다. 대사 작용을 담당하고 있는 유전자에 변이가 발생하면 삶에 치명적인 영향을 미치는 경우도 있지만, 먹는 음식물만 주의하면 별 고통 없이 정상적인 생활을 할 수 있는 경우도 있다. 페닐케톤뇨증(phenylketo-nuria, PKU)이 그와 같은 경우이다. 이 질병은 페닐알라닌이라는 아미노산을 다른 아미노산으로 전환시키는 과정을 담당하는 유전자에 결함이 있는 경우이다. 이 병에 걸리면 체내에서 페닐알라닌이 다른 물질로 전환되지 못하고 혈액에 쌓이게 되며, 소변에서도 과량의 페닐알라닌이 검출된다. 페닐알라닌은 단백질을 이루는 20가지 아미노산 중 하나이지만, 혈액에 과량이 축적되면 신경계 발달에 지장을 초래하여 뇌 발달이 저해되고, 결국에는 심각한 정신장애를 일으키게 된다.

　이 유전자에 결함이 있는 사람의 경우에는 페닐알라닌 함량이 낮은 음식만 섭취하면 된다. 따라서 이 질병을 가지고 있는 사람들은 자기가 먹을 음식에 페닐알라닌이 함유되어 있는가를 신경 써야 한다. 우리가 자주 마시는 음료 중에 페닐알라닌을

포함하고 있는 음료가 있는데, 인공감미료가 들어 있는 다이어트 음료가 그것이다.

일반적으로 단맛을 내는 물질은 당(sugar)인데, 당 종류는 칼로리가 높다. 이에 비해 인공감미료인 아스파르테임은 설탕에 비해 200배의 단맛을 내는 것으로 알려져 있다. 따라서 아스파르테임은 극히 소량만을 첨가하여도 단맛을 낼 수 있으므로 칼로리가 거의 없는 다이어트 음료에 사용된다.

아스파르테임은 2개의 아미노산(페닐알라닌과 아스파르테이트)이 붙어 있는 화합물로서 이것은 체내에서 소화되어 페닐알라닌을 생성하게 된다. 따라서 페닐케톤뇨증이 있는 사람은 아스파르테임이 들어 있는 음료를 피해야 한다. 다이어트 음료 용기에 깨알같이 작은 글자로 기록되어 있는 문구를 주의 깊게 들여다보면 '페닐알라닌 함유' 또는 '페닐케톤뇨증 주의'라는 문구를 발견하게 될 것이다. 지금 이 글을 쓰고 있는 책상 위에도 점심 시간에 마시다 남은 '다이어트 콜라' 병이 놓여 있는데, 붉은 글씨로 다음과 같이 적혀 있다. "Phenylketonurics : contains phenylalanine." 즉, 이런 다이어트 음료는 페닐케톤뇨증이 있는 사람에게는 치명적일 수 있다. 그러나 정상적인 사람의 경우에는 이 같은 다이어트 음료가 아무 문제될 것이 없다는 것이 미국 FDA가 내린 결론이다.

유전자 발현의 조절에 의해 적절히 제어되는 세포 내의 대사 작용

섭취한 음식물을 분해하여 만들어진 작은 분자(레고 조각)들이 세포를 구성하는 물질을 만들기에 충분한 종류를 갖추고 있다면, 그 레고 조각들을 이용하여 필요한 성분들을 만들면 된다. 그러나 분해되어 만들어진 레고 조각 중에 세포가 필요로 하는 몇몇 종류의 레고 조각이 없다면 세포는 그것들부터 만들어야 할 필요가 있다. 즉 세포 외부에서 들어온 커다란 레고 조형물(커다란 분자의 영양분)을 분해하였더니 그중에는 세포 자신이 필요로 하는 레고 조형물(커다란 분자의 세포 구성 성분)을 만들기에 충분한 종류의 레고 조각이 있다면, 그것을 사용하여 만들면 된다. 그러나 필요로 하는 몇몇 종류의 레고 조각이 없다면, 그것부터 세포 스스로가 제조해야 한다.

따라서 어떤 레고 조각을 세포 스스로가 제조할 것인가 말 것인가는 외부에서 섭취한 영양분의 성분에 따라 해당 레고 조각 제조 유전자를 'ON'할 것인가 'OFF'할 것인가를 판단하여야 한다. 이 판단 과정, 즉 유전자의 발현 조절은 앞에서 젖당 분해 효소 유전자의 발현 조절에서 이미 언급한 바 있지만, 여기에서는 아미노산 생산을 위한 대사 과정을 살펴보기로 하자.

세포의 주요 구성 성분 중에는 단백질이 있고, 단백질은 아미노산들이 연결되어 만들어진 거대 분자라는 이야기를 하였다. 즉 단백질은 커다란 레고 조형물이고, 아미노산은 작은 레고 조각이다. 아미노산의 종류는 20가지이다. 따라서 20종류의 레고 조각들만 있으면 세포가 필요로 하는 모든 단백질 레고 조형물들을 만들 수 있다. 20종류의 아미노산 중에 트립토판(tryptophan, Trp)이라는 아미노산이 있다. 세포가 섭취한 영양분 중에 이 트립토판이 있다면 그것을 만들 필요가 없고, 없다면 만들어야 한다. 세포는 현명하게도 이를 판단하고 조절하는 유전자 발현 제어 시스템이 잘 발달되어 있다.

트립토판이 세포 내에 존재하지 않는 경우에는 트립토판 생성 유전자가 정상적으로 작동하여 트립토판을 생성한다. 그러나 트립토판이 있으면 이를 생성할 필요가 없게 되어 트립토판 생성 유전자의 전사 과정을 억제함으로써 해당 mRNA를 만들지 않는다. 이 조절 기작은 트립토판 억제 인자(Trp repressor)에 의해 이루어진다.

이 억제 인자는 트립토판이 없는 경우에는 불완전한 형태로 존재하여 억제자로서의 역할을 제대로 하지 못한다. 따라서 RNA 중합 효소가 프로모터에 결합하여 전사 과정이 진행됨으로써 트립토판 생성 유

트립토판이 없는 경우

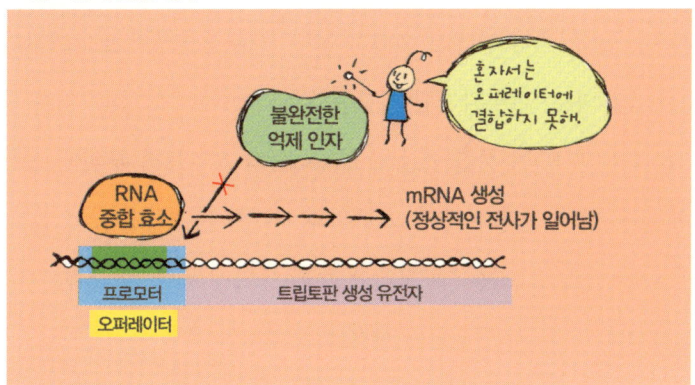

트립토판이 있는 경우

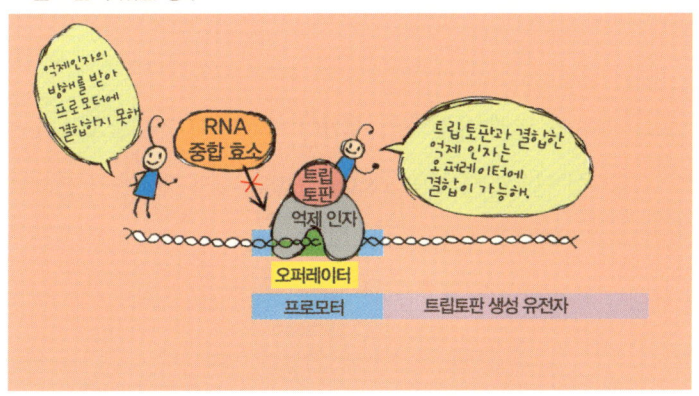

트립토판 생성에 관여하는 유전자의 발현 조절

전자가 정상적으로 작동하게 된다.

 반면 세포 내에 트립토판이 존재하면, 억제 인자는 트립토판과 결합하여 형태가 변형됨으로써 비로소 활성이 있는 억제자로 변신한다. 이렇게 변신된 억제 인자는 이제 오퍼레이터 부위에 결합하여 자리를 차지하고 앉게 된다. 그런데 트립토판 오퍼레이터 부위는 프로모터 내에 위치하고 있다. 이는 앞에서 설명한 젖당 분해 유전자의 오퍼레이터가 프로모터의 바로 뒤에 위치했던 경우와는 약간 차이가 있다. 전사 과정이 일어나려면 RNA 중합 효소가 DNA 상의 프로모터 부위에 결합해야 하는데, 억제 인자가 이미 그 주위의 자리를 차지하고 앉아 있기 때문에 RNA 중합 효소는 프로모터에 붙지 못하게 된다. 결국 전사가 일어나지 못하게 되고, 트립토판 생성에 관여하는 유전자의 발현은 억제된다. 앞에서 설명했던 젖당 분해 유전자의 경우에는 젖당이 있을 때 유전자가 'ON'이 되는 조절 기작임에 반하여, 트립토판 생성 유전자는 트립토판이 있을 때는 'OFF'가 되는 조절 기작이다.

이렇듯 필요에 의해 유전자의 발현이 적절하게 통제됨으로써 세포 내 대사 작용이 원활하게 이루어진다. 그러나 대사 작용을 담당하고 있는 유전자들에 변형이 일어난다면 그 유전자가 담당하고 있는 단계가 정상적으로 진행되지 않음으로써 세포는 정상적인 삶을 이루어 나갈 수 없게 된다. 이와 같이 유전자에 변형이 일어나는 것을 돌연변이 (mutation)라고 한다. 즉, DNA 상에 이상이 생긴 경우를 말하는 것이다. 어떤 경우의 돌연변이는 살아가는 데 심각한 영향을 미치지 않는 경우도 있지만, 정상적인 삶을 유지하는 데 치명적인 영향을 미치기도 한다.

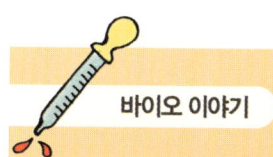

괜찮은 돌연변이 〈엑스맨〉과 〈닌자 거북이〉

'Mutation'은 돌연변이가 일어나는 과정인 '돌연변이화'를 의미하고, 'mutant' 는 '돌연변이가 일어난 생물체'를 의미한다. 돌연변이체(mutant)라고 하면 우리는 흔히 기형적인 모습을 떠올린다. 돌연변이체를 소재로 하여 만들어진 영화로서 〈엑스맨〉이라는 영화가 있다. 이 영화는 인류의 급작스러운 진화의 결과로 발생한 돌연변이체 인간들과 기존의 인간들과의 갈등을 그리고 있다. 여기서 나오는 돌연변이 인간들은 인간이 갖지 못하는 특수한 초능력을 가지고 있다. 다른 사람의 마음을 읽을 수 있는 능력, 자기력을 마음대로 부릴 수 있는 능력, 걸어서 벽을 통과하는 능력, 눈에서 불을 발사하는 능력 등 지극히 만화적인 요소들이 많다. 〈엑스맨〉은 원래 만화로 성공한 작품으로서, 나중에 영화로 만들어졌다.

오래전에 TV를 통해 방영되었던 만화 영화인 〈닌자 거북이〉를 기억하는 사람들이 많을 것이다. 미국에서 방영된 같은 프로그램의 제목은 〈10대 돌연변이 닌자 거북이(Teenage Mutant Ninja Turtles)〉였다. 보통의 거북이가 어떤 화학 물질에 노출되어 돌연변이가 일어나면서 뛰어난 능력을 지닌 닌자 거북이로 변화되어 정의를 위해 활약하는 내용을 다룬 만화 영화이다.

돌연변이는 유전자에 이상이 생겨 비정상적으로 되는 것이며, 바람직하지 않은 변화가 일어나는 경우가 대부분이다. 그러나 〈엑스맨〉과 〈닌자 거북이〉에서는 돌연변이에 의해 초능력을 얻은 경우를 소재로 하고 있다. 실제로도 돌연변이에 의해 오히려 덕을 보는 경우가 간혹 일어나기도 한다. 적혈구 생성을 조절하는 유전자에 돌연변이가 일어나 비정상적으로 많은 양의 적혈구가 생성되는 경우가 그것이다.

1964년 동계 올림픽의 크로스컨트리 부문에서 금메달 3관왕이 된 핀란드의 스키 선수가 그런 유전병을 가지고 있다는 사실이 나중에 밝혀졌다. 피 속의 적혈구는 몸 구석구석까지 산소를 운반하는 역할을 맡고 있다. 이 스키 선수는 보통 사람들보다 비정상적으로 많은 양의 적혈구를 가지고 있기 때문에 극도로 힘든 운동을 하고 있는 상황에서도 다른 사람들보다 훨씬 원활한 산소 공급이 이루어지게 된다. 때문에 이 선수는 강인한 체력과 지구력을 요하는 힘든 경주 중에도 다른 사람들보다 피로를 덜 느끼고 왕성한 스태미나를 유지할 수 있었다.

03

바이오테크놀로지 기반 기술

DNA를 마음대로 자르고 붙이는 유전자 재조합 기술
(recombinant DNA technology)

1972년 11월에 하와이 호놀룰루에서 한 학회가 열렸다. 이 학회에는 스탠퍼드 대학교의 코언(Stamley Cohen, 1935~) 교수와 캘리포니아 샌프란시스코 대학교(UCSF)의 보이어(Herbert Boyer, 1936~) 교수가 참석하고 있었다. 코언 교수는 플라스미드(plasmid)를 연구하고 있었고, 보이어 교수는 제한 효소(restriction enzyme)에 대한 연구를 하고 있었다. '플라스미드' 란 염색체 DNA 외부에 존재하는 작은 DNA로, 고무 밴드같이 생긴 작은 원형 DNA이다. 이 플라스미드는 유전자를 실어 나르는 운반체(vector) 역할을 할 수 있으며, '제한 효소' 는 DNA를 자르는 가위 역할을 하는 효소이다.

어느 날 저녁 두 사람은 와이키키 해변의 한 식당에서 만나서 이런저런 이야기를 하고 있었다. 각자 자기가 하고 있는 연구에 대해 이야기하던 도중 두 사람이 가지고 있는 기술을 서로 합치면 새로운 기술을 만들어 낼 수 있을 것이라는 생각이 들게 되었다. 그들은 자신들의 생각을 식당의 냅킨 조각에 적으면서 새로운 기술의 탄생에 대해 이야기하였다. 그들은 플라스미드를 유전자를 실어 나르는 도구로 사용하고 DNA를 자르는 가위와 풀을 이용하면 원하는 유전자를 마음대로 조작할 수 있겠다는 생각에 도달하였고, 학회에서 돌아온 뒤 공동 연구를 시작하였다. 드디어 다음 해인 1973년에 유전자 재조합 기술이라는 생명공학의 이정표적 기술을 탄생시켰던 것이다.

앞에서 언급한 바와 같이 DNA는 세포 내의 모든 생산물에 대한 정보를 가지고 있으므로, 이 DNA가 보유하고 있는 정보를 원하는 대로 바꿀 수만 있다면 세포의 생산 특성을 변형시킬 수 있을 것이다. 예를 들어 인간 성장 호르몬은 인간이 성장하는 데 필요한 단백질 호르몬이다. 이 물질은 인간의 체내에서만 만들어지므로, 이것을 인체에서 추출하여 의약품으로 사용하기란 매우 힘든 일이다. 그러나 DNA 재조합 기술은 이런 의약품 생산을 용이하게 해 준다. 인간 성장 호르몬을 만드는 정보를 갖고 있는 유전자를 박테리아에 주입하면 박테리아는 이 유전정보를 자기 것인 줄 알고 열심히 만드는 것이다. 즉, 박테리아가 인간 성장 호르몬을 생산하는 공장 역할을 하게 된다.

이런 일이 가능하려면 DNA를 자르고 이를 적당한 곳에 붙일 수 있는 기술이 필요하다. 즉 원하는 유전자를 마음대로 자를 수 있는 가위가 필요하고, 자른 것을 붙일 수 있는 풀이 필요한 것이다. 이와 같은 가위와 풀 역할을 하는 것이 또한 효소이다. 앞에서 언급하였듯이 세포 내에서는 무수히 많은 생화학 반응들이 일어나고, 이 각각의 반응들에는 촉매 작용을 하는 무수히 많은 종류의 효소가 관여한다. DNA를 자르고 붙이는 데에도 역시 효소가 관여한다. 이때 DNA를 자르는 효소를 제한 효소, 잘린 것을 붙이는 효소를 DNA 연결 효소(DNA ligase)라고 한다.

인간 성장 호르몬 유전자를 박테리아 속으로 주입하기 위해서는 우선적으로 DNA 상에 있는 원하는 유전자(인간 성장 호르몬 유전자)를 제한 효소로 잘라 낸다. 또한 이를 실어 나를 수 있는 운반체인 플라스미드도 제한 효소로 자른다. 잘라 낸 인간 성장 호르몬 유전자를 플라스미드에 끼워 넣고 DNA 연결 효소(DNA ligase)를 이용해 붙인다. 다음으로 인간 성장 호르몬 유전자가 삽입된 플라스미드를 박테리아와 섞어 줌으로써 박테리아 속으로 들어가게 한다. 이와 같이 유전자를 도입하는 과정을 유전자 클로닝(gene cloning)이라고 부른다. 이제 이 박테리아는 자신이 갖고 있지 않았던 인간 성장 호르몬 유전자를 소유하게 된다. 즉, 새로운 외부 유전자(foreign gene)를 가진 재조합 박테리아(recombinant bacteria)가 탄생한 것이다. 이 재조합 박테리아는 새로 도입된 인간 성장 호르몬 유전자를 자기 유전자라고 생각하고, 이 유전정보를 사용하여 해당 단백질인 인간 성장 호르몬을 생산하게 된다.

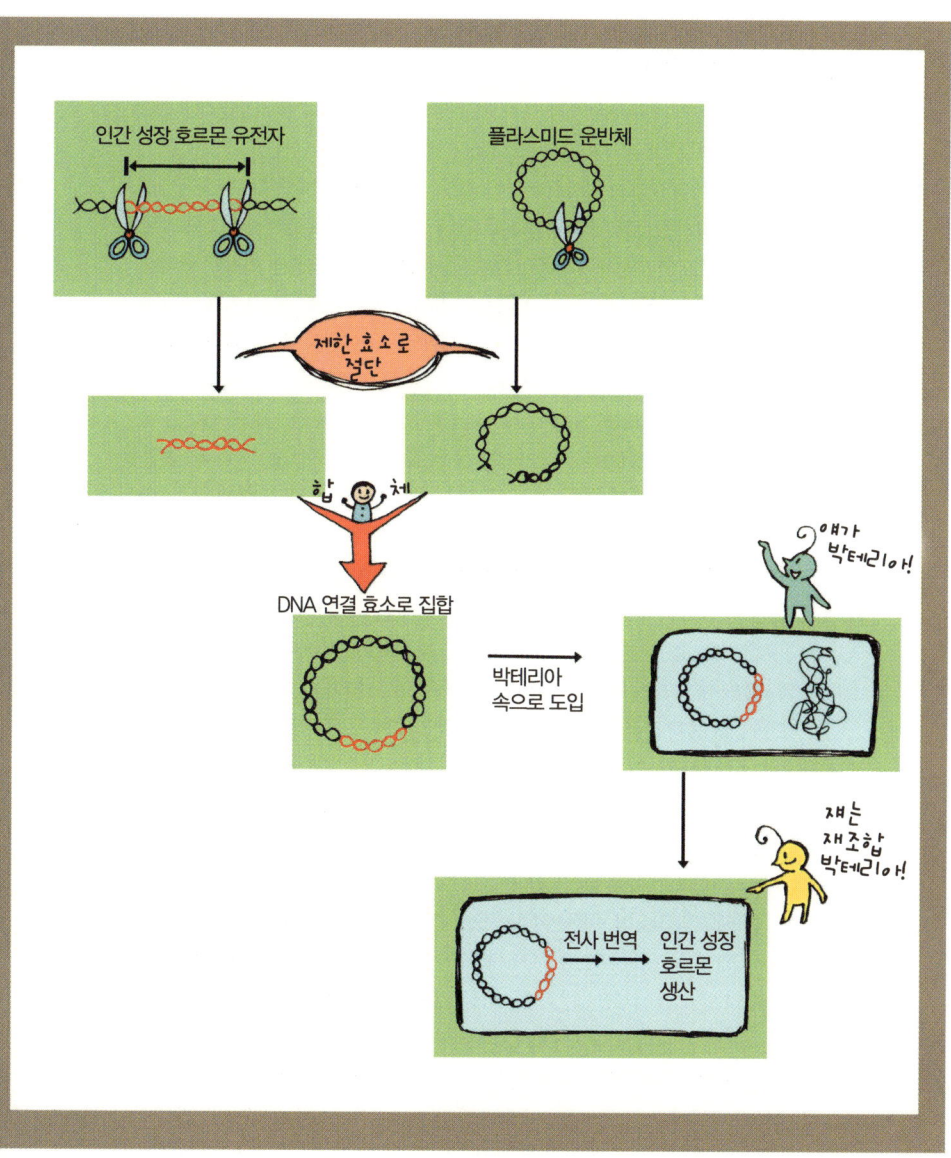

인간 성장 호르몬 유전자

플라스미드 운반체

제한 효소로 절단

합체

DNA 연결 효소로 집합

박테리아 속으로 도입

얘가 박테리아!

쟤는 재조합 박테리아!

전사 번역 → 인간 성장 호르몬 생산

유전자 재조합

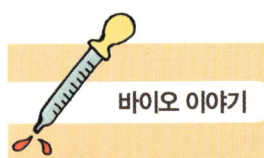
유전자 재조합 기술과 스파이더맨의 탄생 과정

영화 〈스파이더맨〉에서 묘사된 스파이더맨의 탄생 과정은 이러하다. 주인공인 고등학생 피터 파커는 어느 날 컬럼비아 대학교의 거미 박물관을 견학하는 도중에 유전자 재조합 기술을 이용하여 만들어진 슈퍼 거미에 손등을 물린다. 집으로 돌아온 피터는 정신이 혼미해져 방바닥에 쓰러지고, 쓰러져 있는 동안 유전자 재조합이 일어나는 DNA 이중 나선 구조가 애니메이션 영상으로 표현된다. 혼수상태에서 깨어난 피터는 자기 몸에 무엇인가 변화가 일어났다는 것을 느낀다.

손가락 바닥에 날카로운 털들이 돋아나 쉽게 벽을 기어오르고, 건물과 건물을 뛰어넘는다. 손목에서 거미줄이 나오는 것을 알게 된 피터는 거미줄을 발사하는 훈련을 거쳐 자유자재로 거미줄을 내뿜을 수 있게 된다. 마치 타잔이 칡넝쿨에 매달려 정글을 누비고 다니듯이, 피터는 드디어 그 거미줄에 매달려 건물 숲을 자유자재로 이동해 다닐 수 있게 된다. 이런 과정을 거쳐 스파이더맨이 탄생하고, 자신의 초능력을 이용하여 사회의 악을 물리치는 슈퍼 영웅으로서 활약하게 된다.

2002년에 개봉된 이 영화에서는 바이오테크놀로지의 발전과 함께 스파이더맨의 탄생 과정도 원작과는 다르게 묘사되었다. 처음으로 스파이더맨이 대중 앞에 등장한 것은 1960년대 미국의 만화 잡지 『어메이징 어드벤처』에서였다. 그 이후 만화책과 TV, 영화 등으로 인기를 끌었다. 그 당시의 내용에서는 주인공을 물어 스파이더맨이 되게 한 거미는 방사능에 오염되어 돌연변이가 일어난 거미였다. 그러나 2000년대에 제작된 영화에서는 주인공을 문 거미가 유전자 재조합 기술로 만들어진 슈퍼 거미로 다르게 묘사되고 있다.

유전자 재조합 기술이 1973년에 처음으로 개발되었으니 당연히 스파이더맨 원작이 발표되었던 1960년대에는 유전자 재조합 기술에 의해 만들어진 슈퍼 거미는 존재할 수 없었다. 그 당시는 유전자를 변형시키는 방법으로서 돌연변이를 일으키는 방법이 사용되고 있을 때였다. 이는 방사능이나 화학 물질 등을 사용하여 미생물의 DNA에 무작위적 돌연변이를 유발시켜 그중에서 생산 능력이 향상된 미생물을 선별해 내는 방법이다.

따라서 1960년대에 출판된 만화에서는 방사능에 오염되어 돌연변이가 일어난 특별한 거미로 묘사된 것이 자연스러웠다. 그러나 이미 유전자 재조합 기술이 개발된 후인 2000년대에 개봉된 영화에 나오는 슈퍼 거미는 최첨단 유전자 재조합 기술이 사용되어 만들어진 것으로 바뀌어 묘사된 것이다.

DNA를 자르는 가위, 제한 효소
(restriction enzyme)

DNA를 자르는 가위 역할을 하는 것이 제한 효소이다. 다양한 종류의 제한 효소가 다양한 종류의 박테리아에서 발견되었다. 제한 효소를 가지고 있는 박테리아는 이 효소를 이용하여 자기 몸속으로 침입하는 바이러스의 증식을 '제한'한다. 즉, 침입한 바이러스의 DNA를 공격하여 잘라 버린다.

바이러스는 박테리아보다 훨씬 크기가 작은 존재로서, DNA는 가지고 있으나 자기 혼자 힘만으로는 증식할 수가 없다. 바이러스가 증식하기 위해서는 박테리아 같은 숙주 세포(host cell) 속으로 침투하여 그 속에서 박테리아의 힘을 빌어 증식한다. 많은 수로 불어난 바이러스는 숙주 세포를 파괴하고 밖으로 나와 또 다른 세포를 감염시킨다. 따라서 박테리아도 외부 침입자인 바이러스의 공격에서 자신을 보호해야 할

도구가 필요하게 되었고, 일부 박테리아는 자기 자신을 보호하는 방편으로 제한 효소를 만들어 침입한 바이러스의 DNA를 잘라 버리는 방법을 개발하였다.

DNA는 바이러스의 것이나 박테리아의 것이나 동일한 것이다. 인간의 것도 다를 바가 없다. 그렇다면 박테리아가 제한 효소를 사용하여 바이러스의 DNA를 자를 때 어떻게 자기 DNA를 알고 구별하여 침입자 DNA만을 선별적으로 자를 수 있는가 하는 궁금증이 생긴다.

제한 효소는 DNA를 무작위적으로 자르는 것이 아니라 DNA의 특정한 염기 서열을 인지하고 그 부위만을 자른다. 따라서 제한 효소가 자르는 염기 서열이 있는 자신의 DNA 부위를 보호해야 할 필요가 있다. 이를 위해 박테리아는 DNA의 특정 부위를 자르는 제한 효소만을 만드는 것이 아니라, 동시에 그 DNA 부위에 화학적 변형을 일으키는 효소도 같이 만든다. 박테리아는 현명하게도 자기 자신의 제한 효소가 인식하는 자신의 DNA 부위는 메틸(methyl)화하여 변형시키는 방법을 사용하여 자신이 만든 제한 효소에 의해 자기 자신의 DNA가 절단되는 것을 미연에 방지한다.

우리는 이러한 박테리아에서 제한 효소를 추출하여 DNA를 자르는 가위로 사용한다. 제한 효소를 사용하여 DNA를 자를 때 DNA의 아무 부분이나 자른다면 우리가 원하는 목적을 달성할 수 없으므로 우리가 원하는 DNA의 특정한 부위를 자르는 것이 중요하다. 이를 위해서는 DNA 염기 서열의 특정한 부위를 인식하고 자르는 많은 종류의 다양한 제한 효소들을 확보할 필요가 있다.

다행히도 다양한 종류의 박테리아들은 각기 다른 종류의 제한 효소들을 생산하며, 다른 종류의 제한 효소는 절단하는 DNA 부위도 제각기 다르다. 따라서 우리는 각종 박테리아에서 많은 종류의 다양한 제한 효소를 수집해 놓고 원하는 대로 적절하게 골라서 사용하면 되는 것이다. 각 종류의 제한 효소는 각기 자기가 인지하고 자르는 고유한 부위가 있다. 예를 들어 염기 서열 중에 GAATTC 부위를 인지하고 자르는 효소는 이와 같은 서열이 있는 곳만을 자른다. 또 다른 종류의 제한 효소는 GGCC만을 인지하고 자른다.

다양한 종류의 제한 효소들의 이름은 그것이 유래한 미생물의 이름을 따서 명명되었다. 예를 들어 GAATTC 부위를 인지하고 자르는 제한 효소의 이름은 EcoRI인데, 앞의 세 글자 'Eco'는 이 제한 효소를 생산하는 박테리아인 *E. coli*(대장균)에서 따왔고, 다음 글자인 'R'은 대장균 중에 더 세분된 균주의 종류이며, 'I'는 로마 숫자 1로서 그 균주에서 처음 발견되었다는 것을 의미한다. 대부분의 제한 효소들은 6개의 염기를 인지하여 자르거나(예를 들어 GAATTC 부위), 혹은 4개를 한 단위로 인지하여 자른다(예를 들어 GGCC). 드물게는 8개를 인지하여 자르는 제한 효소도 있다.

잘린 DNA 끝의 형태에 따라서는 뭉뚝한 끝(blunt end)과 끈끈한 끝 (cohesive end, sticky end)의 두 가지로 구분된다. 어떤 제한 효소는 뭉뚝하게 자르고, 어떤 제한 효소는 끈끈한 끝을 갖게 자른다.

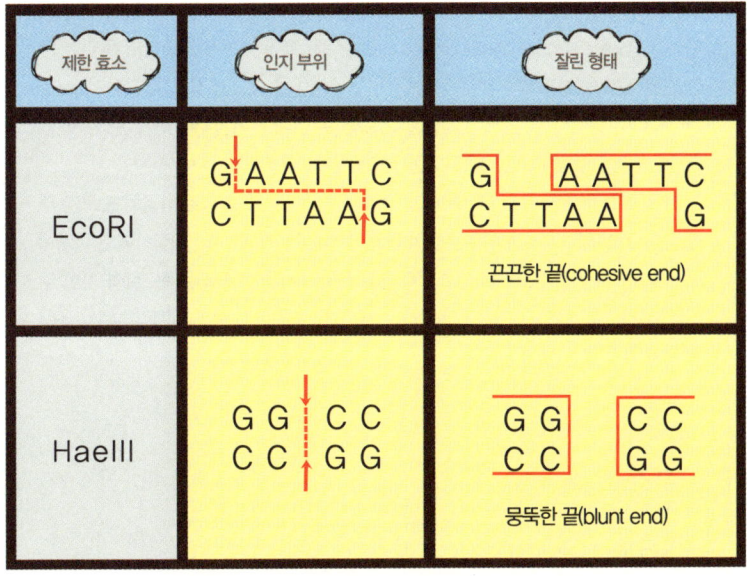

제한 효소의 인지 부위

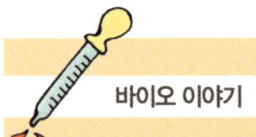

거꾸로 읽어도 동일한 팔린드롬 – 제한 효소 인지 부위

제한 효소들이 인지하고 자르는 부위는 신기하게도 해당 부위와 염기쌍을 이루는 상대 DNA 가닥(이를 상보 DNA라고 한다. DNA는 두 가닥이 꼬인 형태로 존재하므로 서로 맞붙어 있는 상대 가닥이 존재한다.)을 거꾸로 읽어도 동일한 염기 서열을 갖는 특성을 가지고 있다.

예를 들어 EcoRI이라는 이름을 가진 제한 효소는 GAATTC 부위를 인지하고 자르는데, 이에 대한 상보 DNA의 염기 서열을 오른쪽에서부터 읽어 나가면 원래 서열과 동일한 GAATTC가 된다(79쪽의 '유전자 재조합' 그림 참조). 또 다른 제한 효소인 BamHI가 인지하는 염기 서열인 GGATCC의 경우에도 상보 DNA를 오른쪽에서부터 읽으면 역시 GGATCC임을 알 수 있다.

이와 같이 바로 읽든 거꾸로 읽든 동일한 결과를 나타내는 단어, 문구, 숫자 등을 팔린드롬(palindrome)이라고 하는데, 제한 효소가 인지하는 DNA 염기 서열도 팔린드롬이다. 팔린드롬의 역사는 적어도 서기 79년으로 거슬러 올라간다. 화산 폭발로 잿더미에 덮여 버렸던 로마의 고대 도시 폼페이의 유적에서 다음의 글귀가 발견되었다. "Sator Arepo Tenet Opera Rotas." 이 글귀는 거꾸로 읽어도 동일한 문장이 된다. 더욱 흥미로운 것은 각 단어의 첫 글자들을 모으면 첫 번째 단어인 sator가 되고, 각 단어의 두 번째 글자들을 모으면 두 번째 단어인 arepo가 된다. 세 번째, 네 번째, 다섯 번째 단어들도 이런 식으로 만들어진다.

이 글귀를 아래와 같이 한 줄에 한 단어씩만을 써서 다섯 줄로 나열해 놓으면 네 가지 방법으로 읽어도 동일한 문장이 만들어진다. 즉, 첫 줄부터 시작하여 왼쪽에서 오른쪽으로의 가로 읽기, 마지막 줄부터 시작하여 오른쪽에서 왼쪽으로의 가로 읽기, 왼쪽 줄부터 시작하여 위에서 아래로 세로 읽기, 오른쪽 줄부터 시작하여 아래에서 위로 세로 읽기가 그것이다.

SATOR
AREPO
TENET
OPERA
ROTAS

  영어 단어의 'eye'나 'race car'가 그것이고, 'Madam, I'm Adam.'을 거꾸로 읽어도 역시 'Madam, I'm Adam.'이 된다. 여기에 in Eden을 덧붙인 'Madam, in Eden I'm Adam.'도 그렇고, 'Rats live on no evil star.'도 또 다른 예이다. 우리 말의 '아들딸들아', '소주 만 병만 주소', '다시 합창합시다', '과학은 좋은 학과' 등도 역시 팔린드롬이다.

유전자 내에 섞여 있는 정체를 알 수 없는 부분인 인트론(intron) 제거 작업

인간을 포함한 고등 생물체의 유전자에는 정체를 알 수 없는 DNA 조각들인 인트론(intron)이 존재한다. 이 인트론 조각들은 단백질을 만드는 데 하등 이용되지 않는 DNA 조각들이다. 이 인트론을 뺀 나머지 부분들을 엑손(exon)이라고 부른다. 엑손 부분만이 단백질 생성을 위한 유전정보로 사용되고, 인트론 조각들은 전사와 번역을 통하여 단백질이 만들어지는 과정 중에 제거된다.

유전정보로 사용되지 않고 버려지는 이 인트론 조각들이 왜 존재하는지, 세포 내에서 무슨 역할을 하고 있는지에 대해서는 아직 알려진 바가 없다. 유전자 중에는 인트론을 엄청나게 많이 포함하고 있는 유전자도 있다. 예를 들어 인간 혈소판을 만드는 유전자 중에는 25조각의 인트론을 한 유전자 내에 포함하고 있는 것도 있다. 이 유전자의 경우 25개의

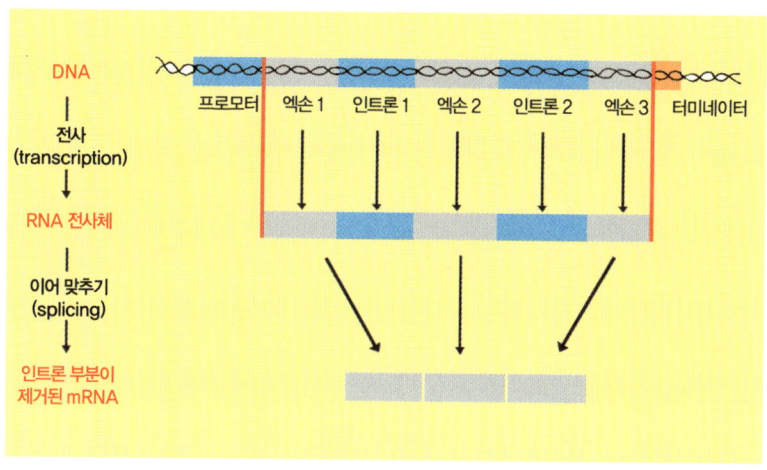

인트론 제거 과정

인트론 조각이 차지하는 길이는 전체 유전자 길이의 96%를 차지하고 있으며, 유전정보로 이용되는 엑손 부분은 고작 4%에 불과하다.

전사 과정에서는 이 인트론 조각들이 그대로 포함된 mRNA가 만들어지지만, 이어 맞추기(splicing)라고 불리는 다음 단계를 거침으로써 인트론 조각들이 제거된다. 즉, 엑손 조각들로만 연결된 mRNA가 만들어진다. 이제 엑손 부분만을 가진 mRNA는 번역을 통해 단백질을 생산하게 된다.

박테리아 유전자에는 인트론이 없고, 따라서 박테리아는 단백질 생산 시 인트론을 제거하는 이어 맞추기 단계를 거치지 않는다. 그러므로 인트론이 들어 있는 인간 유전자를 그대로 박테리아에 도입하면, 박테리아는 인트론을 제거하지 않고 도입된 유전자 정보를 그대로 사용하여 단백질을 생산하므로 전혀 엉뚱한 단백질을 생산하게 된다. 따라서 인간 유전자 같은 고등 생물체의 유전자를 박테리아에 도입할 때는 인트론이 제거된 상태의 유전자를 사용해야 한다. 앞에서 유전자 재조합에 대해 설명할 때, 인간 성장 호르몬 유전자를 클로닝하는 것을 예로 들었었다. 이 경우에도 인트론이 제거된 유전자가 사용되었어야 함은 물론이다.

인트론이 제거된 유전자를 얻기 위해서는 이어 맞추기 단계를 거쳐 인트론이 제거되어 완성된 mRNA에서 거꾸로 DNA를 만드는 방법이 이용된다. 즉, 역전사 효소(reverse transcriptase)를 사용하여 mRNA에서 DNA를 만드는 방법이다. 이를 위해서는 먼저 mRNA를 확보하는 것이 필요하다.

mRNA는 끝 부분에 여러 개의 염기 A가 연속적으로 달린 꼬리(poly A tail)를 가지고 있는 특징이 있다. 따라서 이와 상보적으로 결합할 수 있는 물질(T를 연속적으로 여러 개 가지고 있는)을 사용하여 mRNA를 잡아낼 수 있다. 이렇게 얻어진 mRNA를 사용하여 역전사(reverse transcription) 과정을 거침으로써 비로소 인트론이 제거된 DNA를 얻을 수 있다. 이렇게 얻어진 DNA를 cDNA(complementary DNA, 상보 DNA)라고 부르며, 이제 이 cDNA가 클로닝에 이용된다.

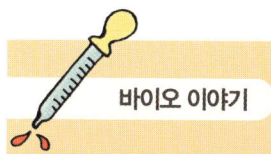
인트론 제거를 위해 찾아갔던 도살장

　　대학원 석사과정을 마치고 처음 취직했던 기업체 연구소에서 어설프게 알았던 바이오테크놀로지 지식을 가지고 열정 하나로 일하던 시절에 필자에게는 소와 돼지의 성장 호르몬 프로젝트를 하면서 웃지 못할 기억들이 남아 있다. 앞에서 이야기했듯이, 소와 돼지 같은 고등 생물체의 유전자를 이용하기 위해서는 유전자 내의 불필요한 부분인 인트론이 제거된 유전자를 얻어야 한다. 이를 얻기 위해서는 우선적으로 해당 mRNA를 분리한 후 거꾸로 cDNA를 합성해야 한다. 성장 호르몬은 뇌하수체 전엽에서 분비되므로 성장 호르몬의 mRNA를 얻기 위해서는 뇌하수체를 얻어야 한다. 뇌하수체란 뇌의 아랫부분에 위치한 타원체 형태의 내분비선으로, 사람의 경우 그 크기가 1 cm 정도 되는 작은 기관이다.

　　필자는 소와 돼지의 뇌하수체를 얻기 위하여 드라이아이스가 든 아이스박스를 들고 수의사와 함께 연구 단지에서 제일 가까운 대전의 도살장을 찾았다. 일반적으로 mRNA는 DNA에 비하여 그리 안정적이지 못하다. 따라서 성장 호르몬의 염기 서열을 가지고 있는 온전한 mRNA를 얻기 위해서는 막 도축된 소와 돼지의 싱싱한

뇌하수체가 필요했던 것이다. 소의 경우에는 그 부위가 커서 수의사가 쉽게 찾을 수 있었으나, 돼지의 경우에는 크기가 작아서 어려움을 겪었다. 한참을 찾던 수의사가 땀을 뻘뻘 흘리며 말했다. "이상하네. 이 돼지는 뇌하수체가 없네."

뇌하수체가 없는 돼지가 도대체 세상에 존재할 리가 없지만, 서로가 민망하여 아무 말도 못하고 있었다. 그때 같이 갔던 친구의 일성이 그 민망한 침묵을 깼다. "아, 뇌하수체가 없는 돼지도 있구나!" 그 친구도 속으로는 '뇌하수체가 없는 돼지가 세상에 어디 있어.'라고 생각했을 것이라고 믿지만.

그 후 연구 소장님 이하 여러 연구원들의 노력의 결과로 연구가 시작된 지 10년 정도가 지난 1990년대 초에 접어들어서 비로소 유전자 재조합 기술을 이용한 바이오테크놀로지 제품들이 독성 및 임상 시험을 거쳐 보사부 허가를 받은 후 하나 둘씩 시판되기 시작하였다. 그 제품들로는 인터페론, 간염 백신, 조혈제 및 인간 성장 호르몬을 비롯한 각종 동물 성장 호르몬들이 있다.

한가닥의 DNA를 무수히 많은 가닥으로 증폭시키는 PCR (polymerase chain reaction) 기술

다양한 DNA 연구를 위해서는 그 양을 증폭시킬 필요가 빈번히 발생한다. DNA 증폭은 유전병 진단, 박테리아나 바이러스 검색, 범죄 수사 등의 각종 DNA 분석을 위해서도 필수적으로 사용되는 방법이다. 범인이 남기고 간 핏자국이나 머리카락의 모근 세포에서 얻을 수 있는 DNA를 분석하기 위해서는 우선적으로 충분한 양의 DNA가 확보되어야 하며, 이 경우에도 PCR(polymerase chain reaction, 중합 효소 연쇄 반응) 방법이 유용하게 사용된다. PCR은 온도를 3단계에 걸쳐 올렸다 내렸다만 하면 DNA 양을 2배로 증폭시킬 수 있는 매우 간단한 방법이다.

PCR을 이해하기 위해 우선적으로 세포 내에서 이루어지는 DNA 복제에 대하여 잠시 알아보기로 하자. DNA 복제는 세포 내에서 DNA 중합 효소(DNA polymerase)에 의해 이루어진다. 앞에서 언급한 바와 같이

DNA 복제를 위해서는 꼬여 있는 이중 나선 구조를 먼저 푼다(세포 내에서는 이것도 담당 효소에 의하여 수행된다). 이제 DNA 중합 효소는 풀린 각 원본 가닥에다 그와 상보적인 염기들을 하나씩 붙여 나감으로써 복제가 이루어진다. 그러나 이때 중합 효소가 상보적인 염기들을 붙이기 위해서는 프라이머(primer)라고 불리는 짤막한 가닥이 원본 가닥의 복제 시작 부분에 먼저 붙어야 한다. DNA 중합 효소는 이 프라이머가 먼저 원본 가닥에 붙어야 이것의 바로 뒤에다 염기들을 하나씩 붙여 나갈 수 있다. 세포 내에서는 짤막한 RNA 가닥이 프라이머 역할을 하는 반면에, PCR에서는 짤막한 DNA 가닥이 프라이머로 사용된다.

이와 같이 DNA가 복제되는 과정은 3단계로 정리될 수 있다. 첫째 이중 나선 구조를 푸는 단계, 둘째 원본 가닥에 프라이머가 붙는 단계, 셋째 DNA 중합 효소가 상보적인 염기들을 원본 가닥에 붙여 나가는 단계가 그것이다. PCR은 이 과정을 시험관 내에서 용이하게 수행할 수 있도록 고안된 방법이다.

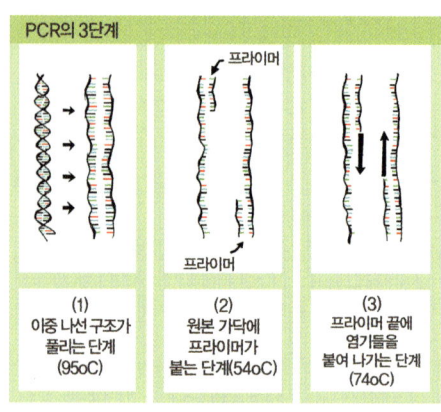

PCR의 3단계

(1) 이중 나선 구조가 풀리는 단계 (95oC)

(2) 원본 가닥에 프라이머가 붙는 단계(54oC)

프라이머

프라이머

(3) 프라이머 끝에 염기들을 붙여 나가는 단계 (74oC)

우선 첫째 단계를 위해서는 95°C 정도의 높은 온도를 이용한다. DNA 이중 나선 구조는 단순히 온도만 올려 줘도 풀어진다. 둘째 단계를 위해서는 프라이머 가닥들을 첨가하고 온도를 54°C 정도로

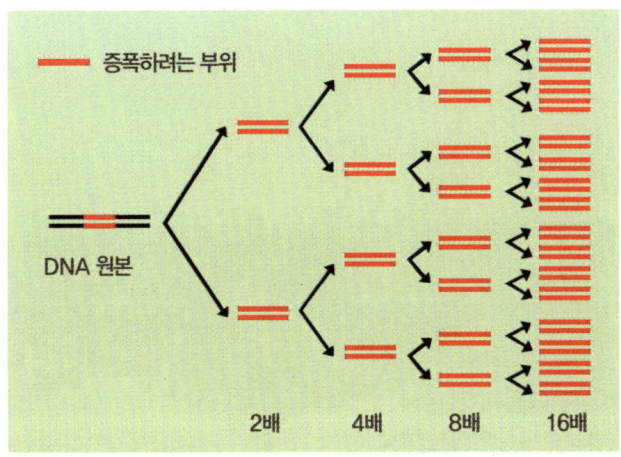

증폭하려는 부위

DNA 원본

2배   4배   8배   16배

사이클마다 2배씩 증폭되는 DNA 가닥

낮춰 준다. 프라이머 가닥들이 원본 DNA 가닥 끝과 상보적 염기 서열을 갖도록 미리 제조해 놓았기 때문에 단순히 온도만 낮춰 줘도 원본 DNA 가닥의 끝 부분에 가서 붙는다. 셋째 단계를 위해서는 DNA 중합 효소와 A, T, G, C들이 포함된 염기 용액을 첨가시키고, DNA 중합 효소가 상보적 염기들을 붙여 나가기에 적합하도록 온도를 74℃ 정도로 올려 준다. 이렇게 3단계를 거침으로써 원본 DNA 가닥은 그 수가 2배로 늘어나게 된다.

이와 같이 온도를 올리고, 내리고, 다시 올리는 3단계를 1사이클로하여 시험관 내에서 여러 사이클을 반복하도록 고안한 방법이 PCR이다. 이런 과정을 거치면서 DNA 가닥의 수는 매 사이클마다 2배씩 증폭된다. 이제는 대부분의 실험실에 PCR 머신이 보편화되어 온도 세팅만 해 놓으면 기계가 알아서 온도를 올렸다 내렸다 하는 과정을 반복하며 DNA를 자동적으로 증폭시켜 준다.

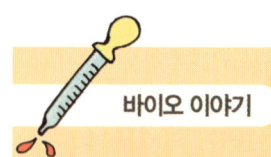
달밤에 운전하며 떠올린 기술, PCR

이제 PCR은 없어서는 안 되는 매우 유용한 도구로서 DNA 실험을 하는 전 세계 실험실에서 이용되고 있다. PCR은 당시 시터스(Cetus) 회사에서 근무하던 멀리스(Kary Mullis, 1944~)에 의해 발명되었다. 그는 한밤중에 운전하고 가면서 이 방법을 떠올렸다고 다음과 같이 회상한다. "1983년 4월 어느 금요일 밤에 캘리포니아 북부의 숲 속 길을 달빛을 받으며 차를 몰고 가고 있을 때 어떤 생각이 머릿속에 떠올랐다." 달밤에 운전하며 떠올린 이 기술로 멀리스는 1993년에 노벨 화학상을 수상하였다.

앞에서 이야기한 바와 같이 PCR을 위하여 DNA 중합 효소가 사용되는데, 각 사이클마다 95℃로 온도를 올려 주는 단계가 있다. 효소는 일반적으로 열에 약하므로 이 기술이 실용화되기 위해서는 95℃의 고온에서도 견디는 DNA 중합 효소가 필요했다. 값이 비싼 중합 효소를 매 사이클마다 넣어 줄 수는 없는 노릇이었다. 다행히도 높은 온도에서도 견디는 DNA 중합 효소를 찾을 수 있었다. 이 중합 효소를 고온의 온천 지대에 서식하는 박테리아에서 찾아냈는데, 미국 옐로스톤 국립 공원의 온천에서 분리한 박테리아에서 얻은 DNA 중합 효소가 널리 이용된다.

1987년에는 이 기술에 대한 특허가 인정되었다. 이 기술을 발명했다고 주장하는 시터스 사와 그 기술은 이미 15년 전에 개발되었다고 주장하는 호프만－라로슈 사 간의 치열한 특허 분쟁을 치른 후 마침내 시터스 사가 특허를 획득하였다. 그 후에 호프만－라로슈 사가 3억 달러를 지불하고 시터스 사에서 PCR에 대한 권리를 구입하였다. 이후에 호프만－라로슈 사는 AIDS 진단 사업 같은 PCR에 기반을 둔 진단 기술들을 독점하였다. 이 기술은 유전병의 진단, 박테리아나 바이러스의 검색, 범죄 수사 등에 유용하게 이용되고 있다. 멸종한 공룡의 DNA를 증폭하거나 이집트 미라의 DNA를 증폭하는 데도 사용될 수 있는 기술이다.

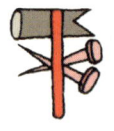

DNA를 크기별로 구별하여 볼 수 있는 DNA 겔 전기영동
(DNA gel electrophoresis)

생명체의 기본 단위인 세포는 너무 작아서 우리 육안으로는 볼 수 없다. 하물며 그것보다 훨씬 작은 DNA는 더욱 그렇다. 몇 천 배 배율의 현미경으로 들여다보아도 DNA는 보이지 않는다. 이렇듯 작은 DNA 가닥들의 길이를 어떻게 구별할 수 있을까? 제한 효소를 사용하여 DNA 가닥을 절단하였을 때 이것이 정말로 절단되었는지를 어떻게 확인할 수 있을까? 이를 해결해 줄 수 있는 방법이 DNA 겔 전기영동(DNA gel electrophoresis)이다.

DNA 가닥들은 전기적으로 마이너스를 띠고 있다. 따라서 DNA 가닥이 들어 있는 용액의 양쪽에 전극을 꽂고 전기장을 걸어 주면 음전하를 띠고 있는 DNA 가닥들은 플러스 극 쪽으로 빠른 속도로 이동해 간다. 이와 같이 전기장을 걸어 주어 물질을 이동하게 하는 방법을 전기영동이라고 한다. 전기영동의 '영(泳)' 자는 헤엄칠 '영'이고(수영의 '영'), '동(動)' 자는 움직일 '동'이다. 즉, 전기장 속을 헤엄쳐 움직인다는 뜻이다.

전기장을 걸어 준 용액 속의 DNA는 DNA 길이에 상관없이 매우 빠르게 움직여 가므로, 움직이는 속도 차이로 길이의 차이를 구별하기가 용이하지 않다. 이를 해결하기 위해 도입한 것이 겔(gel)이다. '겔'이란 젤리나 묵 같은 상태를 의미하며, 겔 내부에는 무작위적으로 뚫려 있는 많은 미세한 통로들이 있고, 그 미세 통로들은 액체로 채워져 있다. 즉, 액체를 머금고 있는 반고체 상태이다.

겔 전기영동이란 DNA가 용액 속을 움직여 가는 속도가 너무 빠르므로 이동 속도를 늦추기 위하여 겔 속을 이동하게 하는 것이다. 즉, 겔 속의 미세한 통로들을 지나가게 하는 것이다. 이는 마치 DNA 가닥들에게 장애물 경주를 시키는 것과 흡사하다. 밀가루 부대 속 통과하기, 사다리의 격자 사이로 빠져나가기, 그물 밑을 기어서 통과하기 등 각종 장애물들을 통과해야 하는 장애물 경주에서는 몸집이 큰 사람보다는 작은 사람이 유리하다.

겔 내의 통로들을 통과해야 하는 DNA도 마찬가지이다. 길이가 짧은 DNA는 미세 통로들을 재빠르게 빠져나오지만, 길이가 긴 DNA 가닥은 이를 빠져나오는 데 더 많은 시간이 소요된다. DNA 겔 전기영동은 이 원리를 이용한 것이다. 전기장이 걸린 겔 속으로 DNA 가닥들을 이동시키면, 길이가 작은 것부터 질서 정연하게 순서대로 움직여 간다.

이를 이용하면 여러 길이가 섞인 DNA 가닥들을 그 길이별로 분리해 낼 수 있고, 제한 효소에 의해 DNA가 잘려졌는지도 확인할 수 있다.

이렇게 하여 DNA를 길이에 따라 분리할 수는 있지만, 눈에 보이지 않는 DNA를 어떻게 확인할 수 있는가 하는 의문은 여전

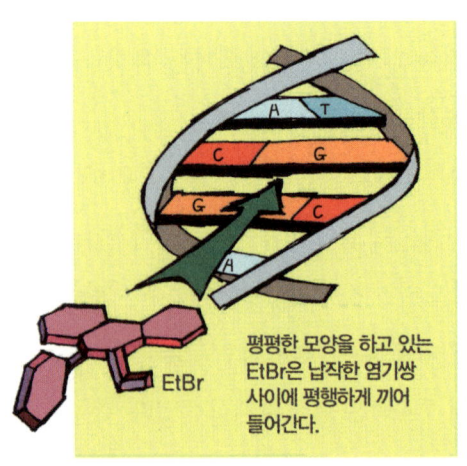

평평한 모양을 하고 있는 EtBr은 납작한 염기쌍 사이에 평행하게 끼어 들어간다.

DNA 염기 사이에 EtBr이 끼어 들어가는 모습

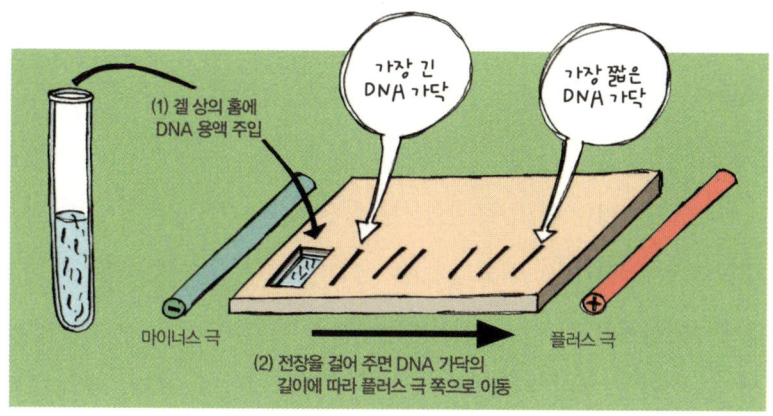

DNA 겔 전기영동에 의하여 길이별로 분리된 DNA 가닥들

히 남아 있다. 우리 눈에 보이지 않는 DNA를 볼 수 있게 하는 것은 EtBr (Ethidium Bromide, 브롬화에티듐)이란 화합물이다. 이 물질은 자외선(UV)을 받으면 형광을 띠는 물질로서, 분자 모양이 매우 평평하게 생겼다. 전기영동을 마친 겔에 이 물질을 넣어 주면, 이 평평하게 생긴 물질은 DNA 이중 나선 구조의 염기와 염기 사이에 딱 맞게 끼어 들어간다.

앞에서 DNA 이중 나선 구조를 이야기할 때 이를 나선형으로 꼬여 있는 사다리에 비유하였다. 이 나선형 사다리를 사람이 타고 올라간다고 생각할 때 발을 밟는 계단에 해당되는 부분이 염기라는 이야기도 하였다. 이 사다리의 계단은 매우 납작하고 평평하게 생겼다. 따라서 평평한 모양을 하고 있는 EtBr은 이 납작한 계단과 계단 사이에 평행하게 끼어 들어가서 박힌다. 이제 이렇게 염기 사이사이에 EtBr이 끼어 있는 DNA 가닥에 자외선을 쬐면 형광을 띠어 우리 눈에 보이게 된다. 즉, 우리가 보는 것은 DNA 자체를 보는 것이 아니라 DNA 가닥에 촘

촘히 박혀 있는 EtBr을 보는 것이다. 물론 우리가 보는 것은 DNA 분자 하나에 대한 것이 아니라 무수히 많은 DNA 분자들이 모여 있는 상태를 보는 것이다.

이와 같이 EtBr이라는 물질을 사용하면, 전기영동에 의해 겔 상에서 길이에 따라 분리된 DNA 가닥들이 어느 위치에 있는지를 맨 눈으로 볼 수 있게 된다. 따라서 크기를 이미 알고 있는 DNA 가닥들이 이동해 간 거리와 비교하면 우리가 알고자 하는 DNA 가닥의 크기를 알 수 있게 된다.

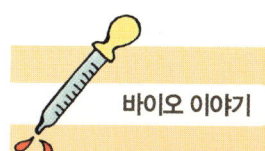

DNA를 분석하려면 시치미를 떼지 말아야

DNA와 단백질 같은 바이오 물질들을 분석할 때 이 물질들은 우리 눈에 보이지 않으므로 분석에 어려움이 있다. 이 물질들이 포함되어 있는지를 판단하거나 농도를 측정하기 위해서는 이것들을 우리 눈에 보이게 만들어야 할 필요가 있다. 이때 이용되는 것이 방사성 동위원소와 형광 물질이다. 앞에서 설명한 DNA 겔 전기영동에서도 DNA가 있는 위치를 확인하기 위하여 EtBr이라는 형광 물질을 사용하였다.

우리가 분석하려는 바이오 물질(예를 들어 DNA)에 방사성 동위원소나 형광 물질들을 라벨로 사용하여 붙이는 것이다. 과거에는 방사성 동위원소가 더 많이 사용되었으나, 요즘은 형광 물질이 점점 더 많이 사용되고 있다. 형광 물질에 자외선(UV)을 비추면 우리 눈에 보이는 가시광선 영역의 빛을 발생한다. 따라서 그 빛을 우리 눈으로 보고, 혹은 빛의 세기를 측정하는 장비를 사용하여 눈에 보이지 않는 바이오 물질들을 분석하는 것이다.

형광 물질은 자외선을 비출 때에만 빛을 발생하고, 자외선을 끄면 빛이 발생되지 않는다. 그러나 한밤중에 놀이공원에서 판매하는 목걸이나 팔찌 모양의 튜브들이나 야광 시계는 빛을 쪼여 주지 않을 때도 스스로 빛을 낸다. 이것들은 빛이 없는데도 스스로 빛을 내는 것처럼 보이지만, 이것도 결국은 빛이 있었을 때 받았던 에너지가 빛이 없는 상태에서도 서서히 방출되는 것이다. 단지 받았던 에너지를 빛으로 방출하는 데 걸리는 시간이 긴지 짧은지의 문제인 것이다.

우리말에 '시치미를 떼다'라는 말이 있다. '시치미'를 국어 사전에서 찾아보면 '하고도 아니한 체, 알고도 모르는 체하는 태도'라는 뜻 외에도 '매의 주인을 밝히기 위하여 주소를 적어 매의 꽁지털 속에 매어 둔 네모꼴의 뿔'이란 뜻도 있다. 즉, 매의 주인이 누구인가를 표시해 놓은 라벨이다. 이 시치미를 떼어 버리면 그 매가 누구의 것인지를 분간하기가 어려워진다. 시치미를 떼지 말라는 말이 더욱 실감나게 들린다. 라벨로 사용되는 형광 물질이 결국은 우리가 분석하고자 하는 바이오 물질임을 알려 주는 시치미인 셈이다. DNA를 분석할 때에도 시치미를 떼면 안 되겠다.

유전정보를 읽어 내는 DNA 서열 분석 기술
(DNA Sequencing technology)

DNA 염기 서열은 유전정보 그 자체를 의미하기 때문에, 빠르고 손쉽게 읽어 내는 일은 매우 중요하다. 서로 다른 두 가지의 DNA 서열 분석 기술(DNA sequencing technology)이 거의 동시에 개발되었다. 하나는 하버드 대학교의 길버트(Watter Gilbert, 1932~)에 의해 개발된 방법이고, 또 다른 하나는 영국 케임브리지 대학교의 생어(Freferick Sanger, 1918~)가 개발한 방법이다. 이에 대한 공로로 이들은 1980년에 함께 노벨 화학상을 받았다. 생어는 1958년에 단백질의 아미노산 서열 분석 방법을 개발한 공로로 노벨 화학상을 이미 한 차례 받은 적이 있었다.

길버트의 방법은 DNA 서열상의 특정한 염기가 있는 곳을 끊는 방법을 이용한 것이고, 생어의 방법은 DNA를 복제하다가 특정한 염기가 있는 곳에서 멈추는 방법을 이용한 것이다. 초기에는 두 가지 방법이 다 사용되었으나, 요즘에는 생어의 방법이 보편적으로 이용되고 있다.

생어의 방법에서는 DNA 중합 효소를 사용하여 DNA를 복제하는 방법이 이용된다. DNA가 복제되는 반응은 이미 앞에서 설명한 PCR의 셋째 단계 반응이 그것으로서, 원본 DNA 가닥에 그와 상보적인 염기들을 차례대로 하나씩 붙여 가는 과정이다. 그런데 생어는 기존의 염기들을 약간 변형시킨 염기들을 제작하였다. 복제해 나가는 도중에 이 변형된 염기가 한 번 붙으면, 그 다음 오는 염기들은 붙지 못하게 고안하였다.

복제 과정에서 염기들이 붙어 가는 과정을 염기들이 손에 손을 잡고 그 길이를 점점 늘려 가는 과정이라고 생각해 보자. 생어가 고안한 변형된 염기는 두 손 중 한 손이 없는 염기이다. 즉 앞의 염기에 붙기 위한 손은 가지고 있지만, 다음에 올 염기를 잡아 줄 손은 가지고 있지 않은 것이다. 이 변형된 염기들은 다이디옥시(dideoxy) 염기들로서 ddA, ddT, ddG, ddC 등으로 표기한다. DNA 복제 반응을 수행할 때 정상적인 A, T, G, C와 함께 이것들도 섞어 넣으면 곳곳에서 복제가 멈춰지는 현상이 발생된다.

예를 들어 원본 DNA의 서열이 ATCGTATCGT인 경우를 생각해 보자. 이를 복제하기 위해서 정상적인 염기들(A, T, G, C)만을 이용한다면, 이 원본에 붙는 상보적인 DNA의 서열은 TAGCATAGCA가 된다. 그러나 이번에는 정상적인 염기들 외에 ddA도 함께 넣은 경우를 생각해 보자. 원본 DNA 가닥은 물론 한 가닥만 들어 있는 것이 아니고 수

많은 가닥이 들어 있다. 이 경우에 ddA가 끼어들기만 하면 복제 반응은 멈춰진다. 따라서 다양한 길이의 복제 가닥들이 생성될 것이다. 즉 TddA, TAGCddA, TAGCATddA, TAGCATAGCddA의 네 종류 가닥들이 생성될 것이다.

이번에는 정상적인 염기들과 함께 ddA, ddT, ddG, ddC도 넣고 복제 반응을 시킨다면 다음과 같은 매우 다양한 가닥들이 생성될 것이다: ddT, TddA, TAddG, TAGddC, TAGCddA, TAGCAddT, TAGCATddA, TAGCATAddG, TAGCATAGddC, TAGCATAGCddA. 즉, 염기의 개수가 하나씩 차이가 나는 모든 종류의 가닥들이 생성된다. 이제 이렇게 생성된 각 가닥의 맨 뒤에 달려 있는 염기를 짧은 가닥부터 읽어 나갈 수만 있다면 원본 DNA와 상보적인 DNA의 서열을 알게 되고, 결국은 우리가 알고자 하는 원본 DNA의 염기 서열이 결정된다.

이를 위해서는 두 가지 문제가 해결되어야 한다. 즉 섞여 있는 각 가닥들을 길이에 따라 하나하나 분리하여야 하고, 또 하나의 문제는 각 가닥의 맨 끝에 붙은 염기의 종류를 알아내야 하는 것이다. 첫 번째 문제인 길이별로 분리하는 방법은 앞에서 이미 언급한 바 있는 DNA 겔 전기영동을 이용하는 것이다. 두 번째 문제는 각 가닥의 맨 끝에 붙는 ddA, ddT, ddG, ddC를 각각 다른 색으로 염색함으로써 해결할 수 있다.

ddA는 녹색, ddT는 빨간색, ddG는 노란색, ddC는 파란색으로 염색한 후 겔 전기영동을 한다. 그러면 각 DNA 가닥들은 다음 그림과 같이 크기에 따라 일렬로 늘어서게 되고, 겔의 아래쪽에서부터 색깔에 따

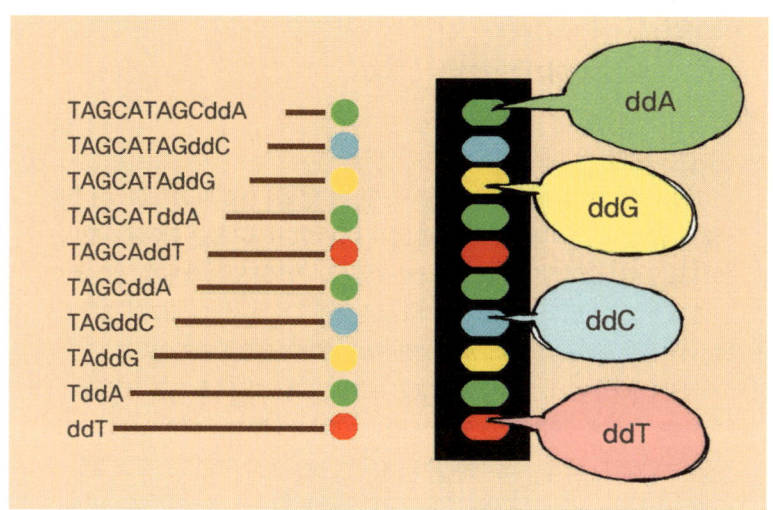

DNA 서열 분석

라 염기를 읽어 나가면 TAGCATAGCA가 된다.

　이렇게 하여 DNA 서열 분석이 완료된다. 각각의 염기에 색을 입히는 방법은 생어의 방법이 발표된 뒤 한참 후에 개발된 방법이고, 처음에는 색을 입히는 대신에 4개의 겔을 사용하여 각 겔에 ddA, ddT, ddG, ddC 중 각각 한 종류씩만을 첨가한 후 4개의 겔을 따로따로 전기영동함으로써 각 염기들을 구별하였었다.

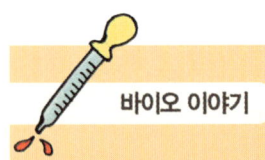

DNA의 비밀에 대해 너무 많이 알게 된다면

DNA 서열 분석 기술이 발달함에 따라 인간의 염색체 DNA가 가지고 있는 모든 염기 서열을 파악하기에 이르렀다. 이 염기 서열들이 가지고 있는 의미에 대해서는 아직도 모르는 것이 많다. 앞으로 이 염기 서열들이 가지고 있는 의미까지 완전히 파악하게 된다면, 인류의 건강을 위해 매우 소중한 자료가 될 것이다. 그러나 한편에서는 너무 많은 것을 알게 됨으로써 발생하는 사회 문제에 대한 우려의 시각도 있다.

영화 〈가타카〉에서는 인류가 유전자에 대한 지식이 많아질수록 이를 유용하게 이용하려는 과정에서 일어날 수 있는 부작용에 대한 우려를 그려 내고 있다. 이 영화에서는 미래의 사회를 유전적 완전성과 불완전성에 의하여 구분되는 두 부류의 인간이 존재하는 사회로 묘사하고 있다. 이 영화의 제목인 가타카(GATTACA)는 DNA를 구성하는 염기인 A, T, G, C 4개의 문자로 이루어진 단어로서 열성 유전자를 가진 비운의 주인공이 입사하기를 갈망하는 항공 우주 회사의 이름이다.

이 영화에서 묘사하고 있는 미래 사회에서는 현재의 인간들처럼 자연적으로 잉태되어 태어나는 불완전한 유전적 요소를 지닌 하류 계층과, 잉태되기 전에 잘 디자인되고 선별되어 유전적으로 결함이 없는 우수한 인자를 지니고 태어나는 상류 계

층으로 분류된다. 아이들이 성장하여 학교에 진학하거나 입사 테스트를 받을 때도 정밀한 DNA 검사를 거쳐 그 결과에 의해 합격이 좌우된다. 우수한 유전 인자를 지닌 사람만이 엘리트 계층으로 진출할 수 있는 기회가 주어지고, 그렇지 못한 사람에게는 힘든 일이나 허드렛일만이 주어진다.

인간 유전자에 대하여 더 많은 것을 이해하게 되고 DNA 염기 서열 분석 기술이 발달하여 유전자를 검사하는 방법이 보편화된다면, 진단을 위해 사회적으로 모든 사람에게 이 방법을 직·간접적으로 강요하게 될 공산이 크다. 우선적으로 생명보험 회사에서 보험료를 책정할 때도 유전자 분석 데이터에 의거하여 건강에 이상이 생길 확률에 따라 보험료를 책정하게 될 것이다. 직장에서도 건강한 사람을 채용하려고 할 것이므로 이 자료를 요구하게 될 것이다. 결혼을 앞둔 남녀 간에 건강진단서를 교환하듯이 유전자 분석 진단서를 교환하는 것이 보편화될 것이고, 유전적으로 건강한 사람은 건강한 사람끼리, 결함이 있는 사람은 할 수 없이 결함이 있는 사람끼리 혼인을 할 수밖에 없게 될 것이다.

이렇게 되면 영화 〈가타카〉에서 묘사하고 있는 것과 같이 자연적으로 유전자에 따른 계층이 나누어질 수밖에 없으리라는 우려이다. 바이오테크놀로지의 발달이 오히려 인류에게 재앙이 되지는 않아야 하겠다는 것이 많은 사람들의 바람이자 우려이다. 그러나 평생을 DNA 연구에 바쳐온 왓슨은 이에 대해 매우 낙관적이다. 인간은 천성적으로 매우 사회적이고 서로를 돌보는 마음이 있기 때문에, 유전자 세계로 모험을 떠날 때 우리의 앞날을 안전하게 지켜 줄 것으로 그는 확신하고 있다.

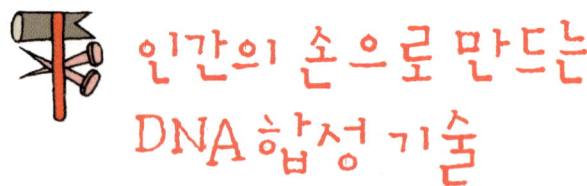

인간의 손으로 만드는 DNA 합성 기술

　DNA의 분자 구조가 어떻게 생겼는지, 어떤 원소들로 구성되어 있는지에 대하여 완벽하게 이해하게 됨에 따라 이제 인위적인 방법으로도 DNA 합성이 가능하게 되었다. DNA는 살아 있는 그 무엇이 아니고, 플라스틱이 그런 것처럼 단지 화학 물질에 불과한 것이다. 따라서 DNA를 이루고 있는 구성 성분들을 시험관에 넣고 섞어서 적절히 반응시키는 방법을 개발하여 생물체의 정보를 간직하고 있는 물질인 DNA를 인간의 손으로 만들 수 있게 되었다.

　DNA는 네 종류의 염기(A, T, G, C)가 일렬로 나열되어 있는 구조를 가지고 있다. 따라서 어떤 특정한 염기 서열을 가진 DNA를 합성하기 위해서는 그 염기 서열의 순서에 따라 순차적으로 염기들을 첨가하면서 반응을 진행시켜 나가면 원하는 서열을 가진 DNA가 생성된다. 이 과정을 원활하게 진행해 나가기 위해서는 반응을 시키고자 하는 분자 내의 부위만을 반응성 있게 열어 두고 원하지 않는 반응은 일어나지 않도록, 반응을 해서는 안 되는 분자 내의 부위는 일시적으로 방어 물질을 붙여 반응을 못하게 막아 주어야 한다.

예를 들어 각 염기들을 순차적으로 한 종류씩 첨가하여 붙여 나가는 과정에서 각 단계마다 과량의 염기를 첨가해 주므로 붙고 남은 염기들이 용액 내에 존재하게 된다. 이 남아 있는 염기들이 다음번 염기의 첨가 반응 시에 반응에 참여하게 되면 곤란한 일이 발생하게 된다. 왜냐하면 먼젓번에 염기가 이미 붙었던 DNA 가닥에 같은 종류의 염기가 중복하여 붙는 경우가 발생되기 때문이다. 이와 같은 일이 발생되지 않게 하기 위하여 다음번 염기를 첨가하기 전에 용액 내에 반응하지 않고 남아 있는 염기들을 반응성이 없게 만드는 과정을 먼저 거치게 된다.

이 같은 방법으로 순서에 따라 염기들을 한 종류 한 종류 붙여 나감으로써 원하는 염기 서열을 가진 DNA를 만들 수 있게 된다. 이렇게 만들어진 DNA는 이중 나선 구조 중 한 가닥만을 제조하게 되는 셈이다. 완벽한 이중 나선 구조의 DNA를 만들기 위해서는 나머지 한 가닥도 해당 염기 서열에 따라 동일한 방법으로 제조해야 한다. 이렇게 따로따로 가닥을 제조한 후에 이 두 가닥을 서로 결합시킴으로써 비로소 이중 나선 구조를 가진 DNA를 얻게 된다.

이와 같이 하나하나 붙여 나가는 과정을 위해서는, 반응을 해서는 안되는 부위들은 일시적으로 반응성이 없게 만들어 주고 그것을 도로 원래의 상태로 복원해 주는 매우 성가신 여러 단계의 반응들을 수행해야 한다. 그야말로 매우 노동 집약적인 과정이다. 이런 성가신 작업을 대신해 주는 DNA 합성기(DNA synthesizer) 또는 유전자 기계(gene machine)라고 불리는 장치가 고안되어 판매되고 있다. 이 장치를 이용하여 원하는 염기 서열을 가진 DNA를 합성할 수가 있다.

DNA 합성기를 보유하고 있지 않더라도 요즘은 DNA를 주문 제작해 주는 회사들이 많이 있어서 원하는 염기 서열의 DNA를 쉽게 구입할 수 있다. 원하는 염기 서열만 적어 보내면 주문을 받은 회사는 그 서열에 따라 합성한 DNA를 수일 내에 보내 준다. 이제 실험에 사용되는 일반 시약을 주문하듯이 DNA도 주문만 하면 쉽게 공급받을 수 있게 되었다.

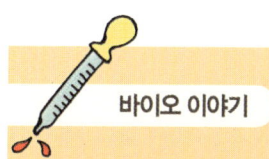

지넨테크를 경쟁에서 이기게 한 합성 DNA

최초의 생명공학 회사인 '지넨테크(Genentech)'의 탄생에 대해서는 뒤에서 보다 자세히 언급할 것이다. 유전자 재조합 기술로 생산되는 인간 인슐린을 이 회사의 첫 목표 제품으로 정하고 연구에 박차를 가하고 있을 무렵 다른 사람들도 이 기술의 중요성을 인식하였고, 이 방법을 이용한 인간 인슐린의 생산이 상업적 가치가 있다는 사실도 간파되었다. 하버드 대학교의 길버트를 중심으로 한 몇몇 사람들에 의하여 또 다른 유전공학 회사인 바이오젠(Biogen)이 설립되었다. 이 두 회사는 유전자 재조합 기술을 이용한 인간 인슐린 생산이라는 동일한 목표를 놓고 경쟁을 시작하였다.

인간 인슐린 유전자를 이용하기 위해서는 앞에서도 언급했듯이 인트론이 제거된 상태의 유전자를 필요로 한다. 이 인트론이 제거된 유전자를 얻기 위하여 지넨테크와 바이오젠은 서로 다른 방법을 사용하였다. 이 서로 다른 방법이 결국은 두 회사의 희비를 엇갈리게 하였다. 지넨테크는 화학적으로 합성한 유전자를 사용하는 방법을 택하였고, 바이오젠은 인간 세포에서 추출한 DNA를 사용하는 방법을 택하였다. 이 서로 다른 방법의 선택은 당시의 사회 규제의 측면에서 커다란 차이를 초래하였다. 당시에 인간 유전자를 취급한다는 것은 매우 위험한 생각으로 여겨졌기 때문에 이를 이용한 실험에 대해서는 매우 까다로운 규제가 적용되었다. 반면 실험실에서 화학적으로 합성된 DNA에 대해서는 매우 관대하였다. 인간 유전자 DNA이건 합성 DNA이건 염기 서열이 같으면 완전히 동일한 DNA인데도 말이다.

당시에는 치명적인 바이러스 연구나 생물학적 무기 개발을 위해 사용되는 최고 수준의 안전 장비를 갖춘 P4 실험실에서만 인간 유전자 실험이 허가되었다. 이와 같은 장비를 갖춘 실험실을 찾기란 매우 어려운 일이었다. 바이오젠 연구진은 영국군을 설득하여 어렵게 영국 남쪽의 생물학전 연구소를 사용할 수 있게 되었다. 실험 장소를 얻기는 하였지만 P4 실험실로 들어가고 나오는 것 자체가 험난한 과정이었다. 속옷을 포함한 모든 의복, 모자, 장갑, 장화 등은 모두 지정된 것을 착용해야 했고, 흐르는 포름알데히드 용액에 모든 것을 씻어야 했다. 심지어는 실험 방법이 적힌 종이까지도 투명한 비닐 팩에 넣어 포름알데히드 용액을 넣고 씻어야 했고, 연구원들은 포름알데히드 웅덩이를 걸어서 통과하여야 P4 실험실로 들어갈 수 있었다.

이러한 사회적 상황에 힘입어 지넨테크는 바이오젠보다 먼저 대장균을 이용한 인간 인슐린의 생산에 성공하게 된다. 인트론이 제거된 유전자를 얻기 위하여 현재 사용되고 있는 방법은 앞에서 설명한 바와 같이 역전사 방법을 사용하는 것으로서, 오히려 바이오젠이 사용하였던 방법이 개발된 것이다. 그러나 당시의 상황은 화학적으로 합성한 DNA를 사용한 지넨테크의 손을 들어 주었다.

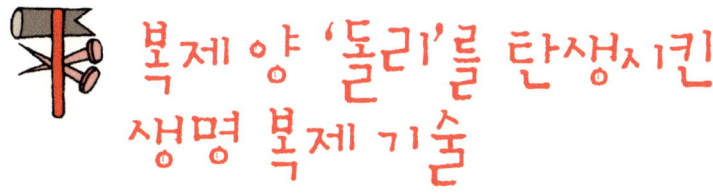

복제 양 '돌리'를 탄생시킨 생명 복제 기술

옛날이야기를 보면 손오공이 머리털을 하나 뽑아서 입으로 훅 불면 여러 명의 손오공이 복제되어 적을 교란시켜 승리를 거두는 장면이 나온다. 이와 같은 생명 복제는 단순히 공상에 의한 것이 아니라 현실로 나타나고 있다.

1996년 영국 에든버러에 있는 로슬린 연구소의 윌머트(Ian Wilmut) 박사가 복제 양 '돌리'를 탄생시켰다. 어떤 양의 몸에서 떼어 낸 세포에서 얻은 DNA를 사용하여 그 양과 동일한 유전자를 갖는 복제 양이 탄생한 것이다. 모든 동물들은 부모의 정자와 난자가 결합하여 생명이 잉태되는 과정을 거쳐 태어나는데, 돌리는 그와는 다른 방법으로 태어났다. 생식세포(정자, 난자)의 결합이 아닌 체세포(몸을 이루고 있는 일반 세포)에서 얻은 DNA 정보가 이용되어 태어난 것이다.

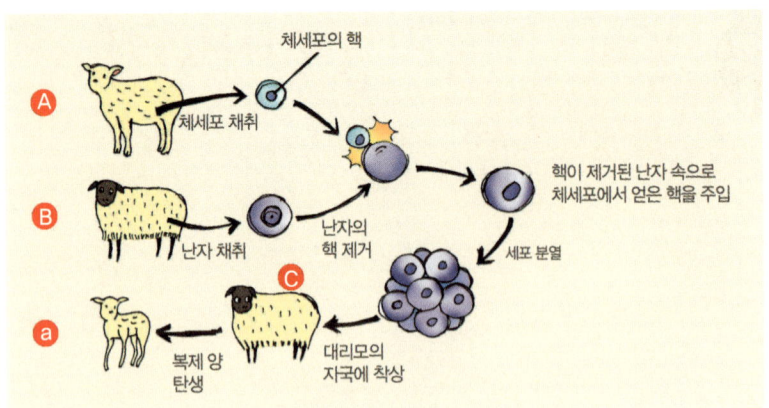

복제 양 돌리가 탄생하게 된 과정

    복제 양 돌리가 태어난 방법은 이러하다. 어떤 양(A)의 체세포에서 얻은 핵(DNA를 함유하고 있는 부분)을 다른 양(B)의 난자(핵이 제거된)에 주입한 후 그 난자를 대리모 역할을 하는 양(C)의 자궁에 착상시켜서 임신하게 하여 새끼가 태어난 것이 돌리(a)이다. 즉, 돌리(a)는 그 DNA를 받은 양(A)과 동일한 유전적 형질을 가지고 태어난 복제 동물이다. A는 얼굴이 흰 종류의 양이 사용되었고, B와 C는 얼굴이 검은 양이 사용되었다. 태어난 새끼 양의 얼굴이 하얀 것만 보아도 B나 C가 아닌 A의 유전 형질을 물려받았음을 알 수 있다.

    최초의 복제 동물인 돌리는 세계의 비상한 관심을 불러일으키며, 6년 반의 삶을 살고 지난 2003년 세상을 떠났다. 진통제 과다 투여가 그 직접적인 사망 원인으로 알려졌다. 말년에는 바이러스 감염에 의한 폐암으로 고생했고, 이 때문에 진통제를 맞아 왔다. 또한 오래된 지병인 류머티스성 관절염으로 고생했던 것으로 알려졌다. 돌리의 관절염은 비만에 의한 것으로 여겨지고 있는데, 이 비만은 돌리의 대중적 인기에 기인하는 것으로 생각되고 있다. 전 세계에서 몰려든 수많은 매스컴은 돌리의 사진을 찍고 싶어 했고, 그때마다 돌리는 사진 촬영을 위한 포즈를 취해야 했다. 사진 기자들은 그럴듯한 포즈를 얻어 내기 위해 항상 먹이를 주면서 유도하였고, 이에 따른 과다한 음식물 공급으로 비만이 초래되었을 것으로 추정하고 있다.

돌리가 속한 종인 *finn Dorset*의 평균 수명은 11~12년으로서, 6년 반을 살다 간 돌리는 평균 수명의 절반 남짓한 기간을 산 셈이 된다. 돌리는 정자와 난자의 정상적인 결합이 아닌 체세포 유전자에 의해 태어났지만, 돌리 자신은 성장한 후에 정상적인 방법으로 임신하여 6마리의 새끼를 낳았다. 이 중 3~4마리가 생존해 있는 것으로 알려지고 있다. 각종 매스컴에 돌리의 부고가 게재되었고, 다른 어떤 양도 누릴 수 없었던, 꽃잔디가 깔려 있고 비석이 세워진 묘소에 고이 잠들었다.

돌리는 정자와 난자의 결합으로 생명이 잉태되는 정상적인 수정 과정을 통해서 태어난 것이 아니라 성숙한 동물 세포의 핵에서 동일한 개체가 새로 태어난 것이다. 즉, 인간을 포함한 어떤 동물이라도 몸에서 약간의 세포를 떼어 냄으로써 그 자신과 동일한 생명체를 탄생시킬 수 있다는 가능성을 보여 주었다.

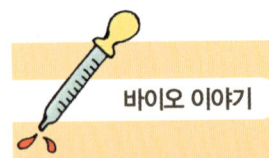

복제 인간이 태어난다면

복제 인간에 대한 이야기는 오래전부터 소설, 만화 등의 소재로 종종 등장해 왔다. 이에 대한 실현 가능성을 보여 주는 과학적 결과가 바로 복제 양 돌리의 탄생이다. 현재로서는 만일 복제 인간이 태어난다면 돌리가 태어난 방법과 동일한 방법에 의해 태어날 가능성이 가장 높을 것이다. 복제 양 돌리가 태어난 것과 동일한 방법을 인간에 적용하여 복제 인간이 태어난다면 그 복제 인간은 원본 인간과의 동일한 연령이 아니라 신생아 상태로 태어나게 되는 것이 현재 바이오테크놀로지에 의한 방법이다.

복제 인간을 소재로 한 영화로서 〈여섯 번째 날〉과 〈아일랜드〉가 있다. 이 영화들에서는 복제 인간의 상태와 연령까지도 원본 인간과 동일한 복제 인간을 만들어 내는 것을 소재로 삼고 있다. 영화 〈여섯 번째 날〉에서는 인간 복제를 위해 몸체가 될 기본 인체들을 미리 준비하여 정육점에서 고기를 걸어 놓듯이 주렁주렁 매달아 놓고 이를 이용하는 것으로 묘사되어 있다. 이렇게 미리 준비해 놓은 몸체에 복제하려는 인간의 인체 정보를 주입함으로써(어떻게 하는지에 대한 과학적 근거는 제시되지 않았지만) 먼저 몸체를 복제 대상 인간의 외형으로 바꾼다. 다음으로 복제 대상 인간이 사망 당시까지 지니고 있던 기억을 이 몸체에 주입하게 되는데, 기억에 대한 정보는 눈을 통해 주입되고, 이렇게 주입된 정보는 시신경을 통해 뇌에 전달되어 과거의 기억이 뇌에 저장되는 방식을 취하고 있다.

영화 〈아일랜드〉에서의 인간 복제는 원본 인간의 DNA를 취해 복제 인간을 탄생시킨 후 인큐베이터에서 고속으로 성장시켜 단시간에 원본 인간의 연령에 도달하는 것으로 묘사되고 있다. 이 영화에서의 인간 복제의 목적은 원본 인간들이 질병에 걸릴 것에 대비하여 그들에게 장기를 제공하기 위한 도구로 이용하기 위함이다. 이 영화에서 다루고 있는 것과 같이 인간 복제에 대해서는 과학적 이슈에 우선하여 사회적 이슈가 더 큰 논쟁거리로 대두되고 있다.

2만 5천 년 전 지구에 온 외계인에 의해 인류가 복제되었다고 믿는 종교 단체인 '라엘리언 무브먼트(Raelian Movement)'에 의해 조직된 '클로네이드(Clonaid)'가 첫 번째 복제 아기인 '이브'를 탄생시켰다고 발표함으로써 이에 대한 사회적 이슈는 더욱 가열되었다. '클로네이드'는 인간 복제에 성공하였다고 주장하고 있지만 인간 복제의 증거를 내놓고 있지는 못한 상황이며, 인간 복제가 이루어졌다고 믿는 사람은 거의 없는 것 같다. 인터넷 상에는 인간 복제 찬반에 대한 글들이 올라오고 있고, 복제가 이루어질 경우 복제되면 바람직한 인물들과 복제되어서는 안 될 인물들에 대한 의견들도 제시되고 있다. 이와 같은 인간 복제에 대한 논란은 오랜 동안 끊이지 않을 것이다.

인간 복제와 관련해서는 풀기 어려운 사회적 문제들이 존재하지만, 동물 복제에서는 복제 양 돌리를 시작으로 하여 다른 동물들의 복제가 빠르게 진전되고 있다. 영화 〈여섯 번째 날〉에서는 미래의 비즈니스로서 애완 동물 복제 사업을 보여주고 있다. 대형 쇼핑몰에 '리펫(Repet)'이란 이름의 커다란 매장이 있는데, 여기에서 애완 동물들을 복제해 준다. 주인공의 집에서 기르던 개가 죽어서 딸아이가 매우 슬퍼하자 이 문제를 간단히 해결해 준다. 이것은 현재의 바이오테크놀로지의 발전에 비추어 볼 때 불가능한 일이 아니며, 가까운 장래에 이러한 산업이 등장할지도 모를 일이다.

인체의 주요 부분을 만들 수 있는 줄기 세포 기술

인간의 몸은 수십조 개의 세포로 이루어져 있다. 그것도 피부 세포, 심장 세포, 간 세포, 근육 세포 등등 수없이 많은 다양한 종류의 세포로 이루어져 있다. 그러나 이 세포들은 모두 동일한 DNA를 가지고 있다고 앞에서 이야기한 바 있다. 또한 이 모든 세포는 애초에 단 하나의 세포에서 유래되어 만들어졌다. 엄마 배 속에서 잉태되는 생명은 정자와 난자의 결합으로 이루어진다. 이 정자와 난자가 결합하면 수정란이라는 하나의 온전한 세포가 생겨나고, 이 하나의 세포가 점점 분열하여 많은 수로 불어난다.

어느 정도 불어난 세포는 이제 각기 자기의 역할을 하기 위해 기능이 다른 세포로 변화하는 과정을 거친다. 즉 어떤 세포는 피부 세포로의 길을 가고, 또 다른 세포는 심장 세포가 되기도 한다. 이와 같이 제각각 그 기능을 가진 상태의 세포로 성숙되는 과정을 분화(differentiation)라고 한다. 분화 과정을 거쳐 특정한 기능을 가진 세포로 성숙하고 나면, 다시 원래 분화하기 전의 단계로 되돌아올 수는 없다. 돌아올 수 없는 강을 일단 건너간 셈이다. 반면에 아직 분화 과정을 거치지 않은 세포들은 신체 내의 다양한 종류의 세포로 성숙될 수 있는 능력을 지니고 있다. 이와 같이 다양한 종류의 세포로 전환될 수 있는 능력을 지닌 세포를 줄기 세포(stem cell)라고 한다. 따라서 줄기 세포를 이용하면 인체의 다양한 종류의 세포와 조직을 얻을 수 있고, 결과적으로 현재 의술로는 치료하지 못하는 많은 불치병을 치료할 수 있는 길이 열리게 된다.

줄기 세포는 크게 배아 줄기 세포와 성체 줄기 세포로 구분할 수 있다. 배아 줄기 세포란 정자와 난자가 결합하여 생긴 수정란이 어느 정도 그 수가 불어난 상태에서 얻어진 세포로서, 그야말로 어떤 종류의 세포로도 분화가 가능한 전지전능한 세포이다. 반면에 성체 줄기 세포는 인간의 골수, 혈액, 제대혈 등에서 얻을 수 있는 세포로서, 아직 여러 가지 세포로 분화될 수 있는 능력을 지니고 있는 세포이다. 배아 줄기 세포같이 전지전능하지는 못하지만 한정된 종류의 여러 가지 세포로 분화될 수 있는 능력을 지니고 있다.

배아 줄기 세포의 경우 성체 줄기 세포에 비하여 다양한 분화 능력을 가지고 있지만, 더 성장하면 생명으로 태어날 세포 덩어리를 파괴하여 얻어지므로 커다란 윤리적 문제를 가지고 있다. 생명의 시작이 어느 시점이냐는 논쟁도 뜨겁다. 이 시점이 어디냐에 따라 배아 줄기 세포 연구가 생명을 파괴하는 과정을 거치느냐 그렇지 않느냐가 달라진다. 성체 줄기 세포의 경우에는 배아 줄기 세포에 비하여 윤리적 측면에서 보다 자유롭지만, 분화할 수 있는 세포의 종류가 제한된다는 제약을 지니고 있다.

2001년 8월, 미국의 부시 대통령은 여름 휴가 중에 자신의 고향인 텍사스에서 TV 생중계로 인간 줄기 세포의 연구에 연방정부기금 지원을 부분적으로 허용한다는 결정을 발표하였다. 여기에서 이야기하는 줄기 세포란 배아 줄기 세포를 말한다. 미국 매스컴에서는 부시 대통령이 결정을 내리기 전부터 이에 대해 관심을 가지고 보도해 왔었다. 이 결정이 이토록 관심을 끄는 이유는 줄기 세포의 연구가 당뇨병, 심장질환, 알츠하이머 병, 파킨슨 병 등 난치병을 치료하는 데 가장 유용한 방법으로 여겨지지만 앞에서 이야기한 바와 같이 윤리 문제가 동반되기 때문이다.

부시 대통령은 이미 파괴된 인간 배아에서 추출된 기존 60개의 줄기 세포주(stem cell lines) 연구에만 제한적으로 연방정부기금을 지원하겠다는 입장을 밝힘으로써 보수주의자들과 진보주의자들의 중간 노선을 택하였다. 부시 대통령의 발표가 있은 며칠 후 미국 신문들의 경제면에서는 소프트웨어, 슈퍼컴퓨터, 인터넷 등의 정보 산업에 선도적으로 투자하여 성공을 거둔 선도자들이 바이오 산업 투자로 옮겨 간다는 기사를 머리기사로 다루었다.

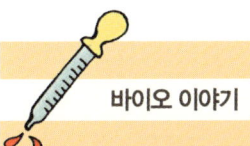

여자 아이가 커 가면서 남성으로 변하기도

인간의 몸을 이루고 있는 수많은 세포들은 하나의 세포에서 유래되어 각각의 기능을 갖는 세포로 성숙하는 과정을 거친다는 이야기를 하였다. 인간의 생식기가 형성되는 과정도 그렇다. 남성과 여성의 몸에서는 서로 다른 유전정보에 따라 서로 다른 모습과 기능을 가진 생식기가 생성된다.

생식기는 외부 생식기와 내부 생식기로 구분할 수 있다. 외부 생식기라 함은 우리가 육안으로 식별할 수 있는 남성과 여성의 성기를 지칭하며, 내부 생식기라 함은 몸속에 위치하여 우리 눈에는 안 보이는, 여성의 난자를 만들고 배출하는 기관과 남성의 정자를 만들고 배출하는 기관을 말한다. 엄마 배 속에서 태아의 생식기가 형성되기 시작하는 처음 단계에서는 남성과 여성의 구별 없이 남녀가 동일하게 내부 생식기가 먼저 생성된다. 즉, 정자 생성용 기관과 난자 생성용 기관 모두가 발달될 수 있는 체제를 갖춘 형태로 생성된다. 다음 단계에서 남성의 경우에는 난자를 만드는 기관은 퇴화하고 정자를 만드는 기관만이 발달하게 되고, 남성 특유의 외부 생식기가 발달된다. 반면에 여성의 경우에는 정자를 만드는 기관은 퇴화하고 난자를 만드는 기관만이 발달하며, 여성 고유의 외부 생식기가 생성된다.

이 과정에서 어떤 종류(남성 혹은 여성)의 생식기로 발달하는가는 성 염색체인 X, Y가 결정하게 된다. 잘 알고 있다시피 남성은 XY 염색체를 가지고 있고, 여성은 XX 염색체를 가지고 있다. 즉 X 염색체는 남성과 여성 모두 다 가지고 있는 반면에, Y 염색체는 남성만이 가지고 있다. 남성이 가지고 있는 Y 염색체 상에 정자를 만드는 기관을 발달하게 하는 유전자가 포함되어 있다. 이 유전자가 발현되면 남성 성기의 발달을 촉진시키는 호르몬과 여성의 생식기 발달을 억제시키는 호르몬이 분비된다. 반면에 Y 염색체가 없는 여성의 경우에는 난소가 발달하고, 난소에서 여성 성기의 발달을 촉진시키는 호르몬이 분비된다.

그런데 놀랍게도 XY 염색체를 가졌는데도 여성의 성기를 가지고 태어나는 경우가 있다. 어떻게 이런 일이 가능한 것인가? 이런 사람의 경우에는 Y 염색체 상의 유전자에 의해 남성의 성기를 발달시키는 데 필요한 호르몬이 정상적으로 만들어지지만, 이 호르몬을 인지하는 데 필요한 리셉터 유전자에 결함이 있는 경우이다. Y 염색체 상의 유전자의 작용에 의해 여성의 내부 생식기는 퇴화되고 남성 호르몬이 생성된다. 정자와 남성 호르몬을 만드는 정소는 정상적으로 만들어지지만, 남성 호르몬이 정상적으로 인지되지 못함으로써 정자를 배출하는 관은 정상적으로 발달하지 못한다. 따라서 내부 생식기는 온전하게 발달하지 못한다. 그러나 외부 생식기의 생성은 남성 호르몬이 제대로 작용하느냐 그렇지 않느냐에 따라서 남성 성기로, 혹은 여성 성기로 발달하기 때문에, 이 경우에는 남성 호르몬이 제대로 인지되지 못하므로 여성의 성기가 발달한다.

결과적으로 내부에는 정자와 남성 호르몬을 만드는 정소를 가지고 있고, 외부에는 여성의 성기를 가지게 된다. 이런 경우 태어날 때는 매우 정상적인 여성의 외부 생식기를 가진 여자 아이로 태어나고, 여성 호르몬도 생성되어 외모도 여성으로서 갖추어야 할 모든 것을 갖춘 정상적인 여성으로 성장한다. 몸속에 난자 생성기관 대신에 정자 생성기관을 가진 것만을 빼고는 본인이나 가족들도 아무 비정상적인 징후를 감지하지 못하고 극히 정상적인 여성으로 성장한다. 그러나 어느 날 자신이 충분한 연령에 도달하였는데도 생리가 시작되지 않는 것을 알게 된다. 이 때문에 병원을 찾게 되면 비로소 자기 몸에 여성으로서 갖추어야 할 것이 없다는 사실을 발견하게 된다. 더 놀라운 경우로는, 태어날 때는 여자 아이의 성기를 가지고 태어났는데 자라면서 남자의 성기로 변해 가는 경우도 있다는 것이다. '테스토스테론'이라는 남성 호르몬은 또 다른 남성 호르몬(DHT)으로 변환되어 남성 성기의 발달을 촉진시킨다. 그런데 이 변환에 관여하는 유전자에 결함이 있는 남자 아이의 경우 내부 생식기는 정상적인 남성의 것을 가지고 있으나 외부 성기의 모습은 여성의 구조를 하고 태어난다. 이렇게 여성의 성기를 가

지고 태어난 아이가 사춘기에 도달하면 남성 호르몬인 '테스토스테론'의 생성이 급격히 늘어나서 혈중 농도가 높아진다. 이것은 결과적으로 남성 성기로의 발달을 촉진시키게 되어 성기의 모습이 여성의 것에서 남성의 것으로 바뀌기 시작한다. 궁극적으로 사춘기의 남자 아이로서 손색이 없는 남성 성기의 모습을 갖추게 된다. 카리브 지방의 어떤 부족의 경우에는 이와 같은 현상이 매우 일반적으로 발생한다고 알려져 있다.

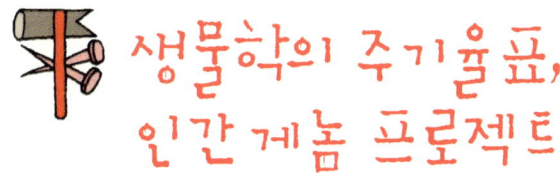

생물학의 주기율표, 인간 게놈 프로젝트

DNA 재조합 기술이라는 막강한 도구를 사용함으로써 생물학은 급속도로 발전하여 많은 것을 이해할 수 있게 되었다. 많은 발전이 있는 가운데 또 다른 도약의 발판을 마련해 주리라고 기대되는 것이 인간 게놈 프로젝트이다. 인간 게놈 프로젝트는 인간 세포 내의 모든 DNA 염기 서열을 밝히는 사업을 일컫는 말이다. '게놈(genome)'이란 단어는 유전자를 의미하는 '진(gene)'과 염색체를 의미하는 '크로모솜(chromosome)'의 합성어로서 세포 내의 모든 DNA 한 세트를 일컫는 말이다. 앞에서 언급했듯이 DNA의 정보는 염기쌍에 저장되어 있고, 염기 서열이 그 의미를 갖고 있으므로 A, T, G, C의 네 문자로 구성된 염기 서열을 밝혀내는 것이 우선적으로 수행되어야 할 과제인 것이다.

인간의 몸은 무수히 많은 수의 세포들로 이루어져 있으며, 각 세포들의 기능은 다르지만, 각 세포들은 모두 동일한 DNA를 가지고 있다. 이 인간 세포의 DNA는 약 30억 개의 염기쌍을 포함하고 있으며, 이 염기 서열을 밝히는 것이 인간 게놈 프로젝트이다. 이 30억 개의 염기 서열이 곧 인간이 갖고 있는 유전정보이다. 30억 개의 알파벳을 타자기로 일렬로 타이핑하면, 그 길이가 영국 런던에서 대서양을 횡단하여 캐나다의 몬트리올에 이르는 거리라고 한다. 30억 개의 알파벳을 전화번호부에 사용된 활자의 크기로 인쇄하여 책을 만든다면 전화번호부 몇 권에 해당하는 분량인가를 누가 계산하였더니, 그 전화번호부를 쌓아 올리면 '자유의 여신상' 높이(약 47.5 m)의 3배가 넘는 방대한 분량이 된다고 하였다. 이토록 많은 정보가 현미경으로 들여다봐도 보이지 않는 크기의 DNA에 저장되어 있는 것이다. 인간은 각 세포마다 이만큼의 정보를 지니고 다니는 셈이 된다.

우리는 인간이 만물의 영장이라고 자부하며 살고 있다. 당연히 지니고 있는 유전정보도 가장 많고, 가장 복잡할 것이라고 생각할 것이다. 인간 게놈의 염기쌍 수인 30억 개는 미생물에 비하면 물론 훨씬 많은 양이고, 대부분의 다른 생물들에 비해서도 많은 양이다. 그러나 예상과는 다르게 우리가 하찮게 여기는 생쥐보다도 적은 숫자이다. 생쥐의 염기쌍은 33억 개이다. 한 과학 잡지의 인간 게놈 프로젝트를 다루는 기사에서 두 컷짜리 만화를 실은 것을 본 적이 있는데, 첫 장면은 실험 결과가 분석되어 나온 자료를 쥐가 관심 있게 들여다보는 것이고, 다음 장면은 쥐가 사람에게 당당하게 어깨동무를 하고 걸어가는 장면이다. 같이 걸어가고 있는 사람은 못마땅하지만 어찌할 수 없지 않느냐는 표

정이다. 왜 쥐나 다른 생물들이 인간보다 더 많은 양의 DNA를 보유하고 있느냐는 계속 연구되어야 할 과제이다. 이 밖에도 메뚜기의 염기쌍은 50억 개이고, 식물의 경우는 이보다도 훨씬 많아서, 특히 꽃을 피우는 식물의 경우에는 1,000억 개가 넘는 것들도 있다.

인간 게놈 프로젝트는 일단 인간 세포가 보유하고 있는 DNA의 모든 염기 서열을 밝히는 것이다. 이것은 DNA의 각 부위가 지니고 있는 기능들과 의미들을 밝히는 것을 의미하지는 않는다. 이것은 완성된 염기 서열을 바탕으로 하여 이른바 '포스트 게놈 시대'라고 불리는, 이제부터 해야 할 일에 속한다. DNA의 총체적 염기 서열을 밝히는 것을 단순히 세계 지도를 그리는 것에 비유한다면, 앞으로는 세계 각 나라와 지역에서는 무엇이 생산되며 어떤 문화와 풍습을 가지고 살아가는지를 밝혀야 할 것이다. 즉, 밝혀진 염기 서열을 이용하여 DNA의 어떤 부위가 어떤 기능을 하는지를 밝혀내어 유전자 지도를 완성해 나가야 할 것이다. MIT의 랜더(Eric Lander)는 이것이 생물학의 주기율표를 제공해 줄 것이라면서 1800년대 말에 이루어진 원소 주기율표의 발견에 견주었다.

그렇다면 인간 게놈을 완벽하게 확인한다는 것은 어떤 의미를 지닐까? 이는 신비에 싸인 생명 현상의 원초적인 모든 것 하나하나를 이해할 수 있는 기반이 제공된다는 것을 의미한다. 무엇보다도 중요하게는, 인간 질병에 대한 정확한 이해를 바탕으로 하여 난치병을 비롯한 각종 질병의 조기 진단 및 근원적인 치료가 가능해질 것이다. 의학적 중요성 외에도 생명체의 총체적인 이해에서 파생되어 나올, 상상하기 어려울 정도로 다종 다양한 산업이 등장할 것으로 기대된다. 앞으로 얻어질 방대한 양의 유전정보를 체계적으로 수집하고 정리하여 유용하게 사용하기 위하여 생물정보학(bioinformatics)이라는 분야가 새로이 등장하고 있다.

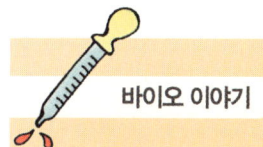

인간 게놈 지도의 초안이 마련되기까지

30억 개에 이르는 인간 DNA 염기 서열을 모두 밝히는 것을 목표로 하여 미국 NIH(National Institute of Health) 내에 이를 위한 센터가 설립되어 '인간 게놈 프로젝트'가 출범하게 되었다. 이 프로젝트는 DNA 이중 나선 구조를 밝혀 노벨상을 받은 왓슨을 책임자로 하여 시작되었다. 그러나 이 프로젝트의 진행은 결코 순탄하지만은 않았다. DNA 염기 서열을 밝힌 결과들을 특허 출원하려는 벤터와 이를 반대하는 왓슨이 갈등을 겪으면서 왓슨이 사임한 후 책임자가 콜린스로 바뀌기도 하였다.

벤터는 NIH를 떠나 타이거라고 불리는 TIGR(The Institute for Genomic Research)라는 기관에서 잠시 일한 뒤 결국 개인적으로 인간 게놈 프로젝트를 수행하기 위하여 '셀레라 지노믹스'라는 회사를 설립하였다. 이 때문에 콜린스가 이끄는 공공 부문과 벤터가 이끄는 민간 부문과의 치열한 경쟁이 전개되었다. 두 그룹은

인간 게놈 프로젝트 초안의 완료를 선언하는 클린턴 대통령(오른쪽 : 공공 부문 대표 콜린스, 왼쪽 : 민간 부문 대표 벤터)

심한 신경전을 벌이며 미묘한 사이로 발전하여 서로 간의 화합이 매우 어려워 보였으나, 우여곡절 끝에 이 두 그룹이 극적으로 합의하여 초안을 완성하게 되었다. 처음에는 방대한 양의 염기 서열을 밝히는 것 자체가 거의 불가능할 정도였으나, 염기 서열 판독 기술의 획기적인 발전으로 전체 인간 게놈의 90%를 99.9%의 정확도로 밝힌 초안이 완성되어 드디어 2000년 6월 26일에 발표하기에 이른다.

미국 백악관에서는 클린턴 대통령이, 영국 다우닝가 10번지에서는 블레어 수상이 동시에 초안의 완료를 선언하였다. 백악관에서 클린턴 대통령은 공공 부문 대표인 콜린스와 민간 부문 대표인 벤터를 양옆에 배석시키고, 다음과 같은 감동적인 문구를 사용하며 연설하였다.

"오늘 우리는 신이 생명을 창조할 때 사용하였던 그 언어를 배우고 있습니다. 이 심오한 새로운 지식을 얻게 됨으로써 인류는 바야흐로 질병 치료를 위한 엄청난 새로운 힘을 얻으려 하고 있습니다."

인간 게놈 프로젝트에 의해 인간 DNA의 모든 염기 서열이 밝혀졌지만, 이를 밑그림으로 하여 인류가 앞으로 해야 할 일은 각각의 유전자가 어떤 역할과 기능을 하고 있는지를 밝혀내는 것이다. 그렇게 되면 질병의 치료 및 예방을 위한 획기적인 전기를 마련하게 될 것이다.

04

바이오테크놀로지의
산업적 이용

고대 이집트 시대부터 이용되어 온 바이오테크놀로지

빵과 술은 미생물에 의한 발효로 만들어지는 물질이라는 것을 우리는 잘 알고 있다. 그러나 미생물이라는 존재를 알기 훨씬 전에도 인류는 이를 이용하였다. 고대 이집트 시대에 이미 빵과 술을 제조하여 먹고 마셨음을 입증하는 자료들이 전해지고 있다. 지금으로부터 5,000년 전도 넘는 아주 오래된 이야기이다. 우리의 조상들도 간장과 된장을 담가 먹었다. 이것들 모두가 미생물을 이용한 식품들이다. 그야말로 바이오테크놀로지에 의한 생산물들이다. 이렇게 오래전부터 인류가 미생물을 이용해 온 것에 비하면, 미생물의 존재를 발견하여 알게 된 시기는 그리 오래되지 못하였다.

미생물은 너무 작아서 우리 눈에 보이지 않기 때문에 그 존재의 발견은 현미경의 발명과 연결된다. 미생물을 처음 보고 기록에 남긴 사람은 훅(Robret Hooke, 1635~1703)으로서 자신의 현미경으로 본 곰팡이를 그림으로 그렸다(1665). 그 후 박테리아도 발견되었으나, 이에 대한 연구가 150년 동안 별 진전이 없다가 1800년대 들어 빠르게 진전되기 시작하였다.

1864년 파스퇴르(Louis Pasteur, 1822~1895)는 음식물을 부패시키는 것은 공기 중의 미생물이라는 것을 입증함으로써 그때까지 논쟁거리가 되어 왔던 '자연 발생설'을 잠재웠다. 또한 그는 젖산 발효의 미생물학을 이해하였고, 알코올 발효를 위한 효모의 역할에 대해서도 밝혔다. 그 후에 코흐(Robert Koch, 1843~1910)는 박테리아의 순수 배양 방법을 정립하였다(1881). 파스퇴르와 코흐는 미생물이 질병의 원인이 될 수 있다는 사실도 입증하였다.

1928년 플레밍(Alexander Fleming, 1881~1955)은 곰팡이에서 페니실린을 발견함으로써 박테리아 감염으로 발생하는 질병을 치료할 수 있는 길을 열었다. 이 페니실린의 대량 생산이 바이오테크놀로지의 산업화 과정을 대변해 준다. 페니실린의 중요성은 알았으나 이의 생산성이 매우 낮아서 산업화하는 데 어려움을 겪다가, 갖가지 과정을 거쳐서 1940년대에 이르러 산업화에 성공하게 된다. 이 과정에서 미생물의 페니실린 생산 능력을 높이는 데 돌연변이 방법이 크게 기여하였다.

미생물의 생산 능력(예를 들어 페니실린 생산 능력)을 근본적으로 높이기 위해서는 DNA를 변화시킬 필요가 있다. 즉 미생물에 돌연변이를 일으켜 DNA를 변형시키고, 돌연변이가 일어난 미생물 중에서 생산 능력이 향상된 미생물을 선별해 내어 이를 이용하는 방법이다. 돌연변이를 일으키기 위해서는 화학 물질이나 방사선 등이 이용되는데, 이러한 방법은 돌연변이를 무작위적으로 일으키는 방법이다. 따라서 이 방법에 의해 생산 능력이 향상된 돌연변이 미생물을 선별하는 작업은 매우 노동력이 요구되는 작업이다.

유전자 재조합 기술이 개발되기 전까지는 이와 같이 돌연변이를 일으키는 방법에 의해 무작위적으로 DNA를 변형시키는 방법이 사용되어 왔다. 그러나 1973년 유전자 재조합 기술이 개발되어 무작위적인 방법에 의해서가 아니라 원하는 DNA 부위를 마음대로 자르고 붙임으로써 미생물의 생산 능력을 계획된 방법에 의하여 향상시킬 수 있게 되었다. 유전자 재조합 기술은 특정 미생물의 생산 능력을 단순히 향상시키는 것뿐 아니라, 그 미생물이 애초에 전혀 생산하지 못했던 물질의 생산까지도 가능하게 한다. 대장균은 인간 성장 호르몬을 생산할 능력도 없을 뿐더러 생산해야 할 이유도 없지만, 유전자 재조합 기술은 인간 성장 호르몬을 생산할 수 있는 대장균의 제조를 가능하게 해 준다.

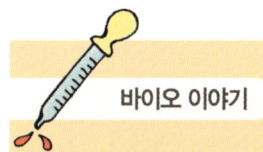

오염된 배양 접시에서 찾아낸 보석, 페니실린

플레밍은 영국의 한 병원에서 박테리아를 이용하여 실험을 하고 있었다. 어느 날 박테리아를 배양하던 배양 접시가 다른 어떤 것에 의해 오염되었다. 즉, 자기가 실험하던 배양 접시가 오염이 되어 쓸모없게 되어 버린 것이다. 이런 경우 보통 사람들 같으면 자기가 투자한 시간과 노력이 허비되었음에 짜증을 내면서 그것을 쓰레기통에 던져 버렸을 것이다. 그러나 플레밍은 오염된 배양 접시에서 흥미로운 사실을 발견하였다. 오염된 물질의 주위에는 자기가 키우던 박테리아가 성장하지 못하고 있음을 발견하였던 것이다.

이것이 플레밍의 눈에는 의미 있는 현상으로 비쳐졌고, 오염시킨 그 물질이 박테리아를 죽이는 성분을 가지고 있을 것이라는 생각을 하게 되었다. 그리하여 오염 시킨 물질을 조사해 보았고, 그것은 주위에서 쉽게 발견되는 곰팡이의 일종임을 알게 되었다. 그 곰팡이를 배양해 분비된 물질을 얻어 실험을 해 보았더니 그 물질은 박테리아를 매우 효과적으로 죽이는 특성을 가지고 있음을 알게 되었다. 그는 이 물질을 페니실린이라고 명명하였다.

페니실린이 발견된 것이 1928년이다. 그러나 이 발견은 10년 이상 빛을 보지 못한 채 묻혀 있었다. 그러다가 제2차 세계대전이 발발하자 부작용이 적고 적용 범위가 넓은 항생제가 절실하게 필요하게 되었다. 옥스퍼드 대학교의 두 교수는 플레밍의 발견에 주목하게 되었고, 이들은 곰팡이에서 페니실린을 추출하여 동물 실험을 거쳐 사람에게도 투여하였다.

혈액이 감염된 런던의 어떤 경찰관에게 페니실린을 투여한 치료가 시작되었고, 마침내 그 경찰관은 회복의 국면에 들어섰다. 그러나 불행히도 페니실린을 얻을 수 있는 양에 한계가 있어서 가지고 있던 모든 양이 다 사용되자 경찰관은 다시 병세가 악화되어 결국은 세상을 떠났다. 페니실린의 효과는 입증되었지만 이것이 항생제로서 실용화되기 위해서는 대량 생산이 필요하였던 것이다. 그 후에 미생물학자와 공학자들의 협력 연구에 의하여 산업화에 성공하기에 이르렀고, 덕분에 수많은 사람들의 목숨을 구하고 있다.

유전자 재조합 기술을 이용한 최초의 제품인 '인간 인슐린'의 탄생

코언과 보이어에 의해 1973년에 개발된 유전자 재조합 기술이 산업화로 이어질 수 있었던 전기가 마련된 것은 27세의 젊은 벤처 투자자인 스완슨(Rodert Swanson)에 의해서였다. 거의 모든 사람들, 심지어는 유전자 재조합 기술 개발의 당사자인 코언까지도 이 기술이 산업화되려면 적어도 10년은 걸릴 것이라고 생각했던 시기에 스완슨은 보이어를 찾아와 재조합 DNA 기술을 이용한 자신의 사업 구상을 이야기하였다. 10분으로 예정되었던 샌프란시스코에서의 만남이 몇 시간으로 길어졌고, 그 결과 1976년 4월 스완슨과 보이어 두 사람은 최초의 생명공학 회사인 지넨테크를 설립하였다.

이 회사의 첫 번째 목표 상품은 인간 인슐린이었다. 인슐린은 당뇨병 치료에 사용되는 것으로서, 그동안은 소나 돼지에서 추출한 인슐린이 사용되었다. 그러나 이런 가축에서 추출한 인슐린은 앨러지 등의 부작용을 일으키기 때문에 인간 인슐린의 생산은 상업적으로 매우 가치 있는 일로 판단되었다. 당뇨병 환자의 수는 미국에만 800만 명으로 추정되기 때문에 인간 인슐린을 생산할 수만 있다면 그 수익성은 확실히 보장되는 셈이었다. 드디어 첫 번째 목표인 인간 인슐린 생산을 위한 연구가 시작되었다.

우선 인간 인슐린을 대장균에서 생산하기 위한 작업에 돌입하였다. 대장균은 연구가 가장 많이 되어 있는 박테리아이므로 이에 대해 우리가 아는 것이 많은 세포이기 때문이다. 이를 위해서는 우선적으로 인간 인슐린 유전자를 확보해야 한다. 그것도 인트론을 포함하고 있지 않은 상태의 유전자를 필요로 한다. 앞에서 인트론에 대하여 이야기하였지만, 이 성가신 인트론이 제거된 상태의 유전자를 얻어야만 박테리아가 이 유전자를 올바로 인식하고 생산해 낼 수 있기 때문이다.

인트론이 제거된 유전자를 얻기 위하여 현재 사용되고 있는 방법은 앞에서 설명한 바와 같이 mRNA에서 거꾸로 역전사하여 cDNA를 얻는 방법이다. 그러나 이 방법은 당시에는 아직 개발되지 않은 방법이었다. 그리하여 인트론이 제거된 인간 인슐린 DNA를 얻는 방법으로서 DNA 화학 합성 방법이 사용되었다. 화학적으로 합성된 인간 인슐린 DNA를 플라스미드에 삽입하고, 이 재조합 플라스미드를 대장균 속에 주입하여 인간 인슐린을 생산하는 유전자 재조합 대장균을 세계 최초로 만들어 냈다.

기술적 성공이 항상 사업적 성공을 의미하지는 않는다. 아무리 좋은 제품이 생산되더라도 마케팅에 성공하지 못하면 결코 사업적으로 성공할 수가 없다. 당시 미국의 인슐린 시장은 '일라이 릴리'라는 거대 제약 회사가 거의 독점하다시피 하고 있었다. 비록 '일라이 릴리'의 인슐린은 가축에서 추출한 인슐린이고 지넨테크의 인슐린은 인간 인슐린이라는 제품의 우수성이 있기는 하지만, 이제 막 걸음마를 시작한 소규모 벤처 회사가 50년 이상 인슐린 시장을 굳건히 지켜 온 거대 제약 회사와 경쟁한다는 것은 역부족이라는 사실을 사업가인 스완슨은 간파하였다.

스완슨은 경쟁보다는 거래를 택하였고, 두 회사 간에 계약이 체결되었다. 계약 체결 2년 뒤인 1980년 지넨테크는 주식을 상장하였고, 주식 가격은 급등하였다. 보이어와 스완슨은 회사 설립 4년 반 만에 돈방석에 올라앉게 되었다. 1981년 3월 9일자 『타임』(Time) 매거진의 표지에는 유전공학의 붐이라는 문구와 함께 지넨테크의 보이어 얼굴이 커다랗게 실렸다.

같은 표지의 귀퉁이에는 영국 황태자 찰스가 신부를 맞이하게 되었다는 문구와 함께 다이애너의 얼굴이 조그맣게 실렸다. 영국 황실의 혼사와 관련된 기사를 제치고 생명공학 산업의 탄생을 알리는 기사가 전면을 장식한 것이다.

유전공학의 붐이라는 문구가 실린 『타임』 매거진 표지

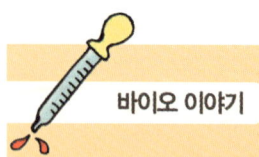

바이오 이야기

다양한 목적의 각종 재조합 성장 호르몬

바이오테크놀로지를 이용한 신제품이 나오기까지는 많은 연구가 필요하고, 이를 위해서는 거대한 자본이 투자되어야 한다. 따라서 완성되어 나오는 제품들은 투자 비용을 회수하고도 남을 만큼 부가가치가 높은 것들이어야 한다. 이런 이유로 유전자 재조합 기술을 이용하여 생산되는 제품의 대부분은 의약품이다. 이 중에는 인간을 위한 의약품이 대부분이지만, 동물용 의약품도 있다. 대표적인 동물 의약품이 동물 성장 호르몬이며 소, 돼지, 닭, 양, 연어, 뱀장어 등의 것이 있다.

소의 성장 호르몬은 주로 우유의 생산을 촉진시켜 생산량을 증가시키는 목적으로 사용된다. 1990년대 말의 통계 자료에 따르면 미국에서 사육되는 1,000만 마리의 젖소 중 20%에 해당하는 젖소에게 성장 호르몬을 사용하는 것으로 조사되었다. 우유 생산 증가 외에도 쇠고기의 육질을 개선시켜 지방 분포를 고르게 함으로써 고기 맛을 좋게 하는 효과도 보인다. 어떤 임상 실험 결과에서는 송아지 잉태 시 쌍둥이를 잉태할 확률이 높아졌다는 보고도 있다. 송아지 한 마리를 낳을 것을 한꺼번에 두 마리씩 낳으면 농가 소득에 커다란 보탬이 될 것은 두말할 나위도 없다.

돼지의 성장 호르몬은 돼지의 성장을 촉진시켜 사육 기간을 단축시킨다. 중국에는 인구수보다 돼지 수가 더 많다는 말이 있으니 무한한 잠재력을 지닌 시장이기는 하지만, 경제력이 없어서 성장 호르몬을 살 돈이 없으니 그것이 문제이다. 닭의 성장

호르몬 역시 닭의 성장을 촉진시켜 사육 기간을 단축시키는 것이 목적이다. 양계장 닭의 일생은 달걀에서 부화하여 인간의 식탁에 오르기 전까지이다. 양의 성장 호르몬은 주로 호주나 뉴질랜드에서 생산되는 양털의 질과 생산성을 높이는 목적으로 사용된다. 생선회를 좋아하는 일본에서는 장어의 호르몬에 대한 연구가 많이 진행되었다.

인간 성장 호르몬은 본래 왜소증 환자들을 위해 사용되어 왔으나, 더욱 크고자 하는 욕망에 부응하여 정상인에게도 사용될 것으로 생각된다. 초등학교에서 자기 앞자리에 앉았던 친구가 다음 학년에 뒷자리에 앉게 된다면 "키가 큰 비결이 무엇이니?"라고 묻게 될 것이고, "응, 우리 엄마가 병원에 데리고 가서 성장 호르몬 주사 맞혀 주셨어." 라고 대답하면, 그 꼬마는 집에 가서 나도 성장 호르몬을 맞혀 달라고 엄마를 조르게 될 것이다.

인간 성장 호르몬은 성장 시기가 끝나기 전의 연령에서만 효과가 있다. 인간 성장 호르몬이 시판된다는 소식을 듣고 연구소에 전화한, 결혼을 앞둔 한 처녀는 "1cm만이라도 더 클 수 없을까요?"라는 애절한 질문을 하기도 하고, 인간 성장 호르몬이 성장뿐 아니라 노화 방지에도 효과가 있다는 말을 들었다는 점잖은 중년 남자는 "그것이 정력에도 좋습니까?" 라고 묻기도 했었다.

미생물, 우리에게 필요한 물질의 생산 공장

앞에서 이야기한 바와 같이 미생물의 존재를 알지 못하던 오래전부터 인류는 빵, 맥주, 와인, 치즈, 김치 등의 발효 식품들을 제조하여 이용하였다. 이 모두는 미생물이 대사 과정을 거치는 동안 생산된 물질들을 포함하고 있는 식품들이다. 대사 작용은 세포가 살아가는 데 필요한 에너지와 성장을 위해 필요한 세포 성분 물질들을 생산하는 과정이다. 생물체가 에너지(ATP)를 얻는 방법은

크게 세 가지로 나눌 수 있다. 호흡, 광합성, 발효가 그것이다.

인간을 비롯한 동물은 호흡을 통하여, 식물은 광합성을 통하여 에너지를 얻는다. 반면 많은 미생물은 발효를 통하여 에너지를 얻는다. 물론 호흡을 통하여 에너지를 얻는 미생물도 있다. 어떤 미생물은 산소가 있을 때는 호흡을 하고, 산소가 고갈되면 발효에 의해 에너지를 얻기도 한다. 즉, 발효란 미생물이 에너지를 얻기 위해 진행시키는 세포 내 생화학 반응이다.

이와 같은 생화학 반응에 의해 생산되는 물질들이 인간에게 유용하게 이용되는데, 이것들이 바로 발효 제품이다. 대표적인 발효 제품으로는 각종 알코올(에탄올, 글리세롤, 부탄올 등), 각종 유기산(초산, 젖산, 구연산 등), 각종 아미노산, 각종 비타민, 각종 탄수화물, 각종 핵산 등이다. 이것들은 연료, 주류, 음료, 식품, 의약품, 화장품, 세제, 사료 등 다양한 용도로 사용된다. 미생물은 다른 미생물을 죽이는 물질을 만들기도 한다. 이런 물질이 바로 우리가 사용하는 항생제이다. 미생물은 환경 복원을 위해서도 사용된다. 예를 들어 기름을 분해하는 미생물을 오염된 토양에 뿌려서 토양을 복원하는 데 이용하기도 한다.

발효가 진행되는 과정에서 일어나는 각 반응마다 그 반응을 촉진시키는 촉매인 효소가 작용한다. 즉 미생물 내에는 매우 다양한 종류의 효소가 존재하고, 미생물의 종류에 따라서도 다른 종류의 효소들이 존재한다. 미생물에서 분리되어 얻어지는 이 효소들은 특정한 반응을 촉진시키는 생촉매로서 다양한 용도로 산업적으로 유용하게 이용되고 있다.

지방을 분해하는 효소(lipase)와 단백질을 분해하는 효소(protease)들은 세탁용 세제에 첨가되어 옷에 묻은 지방과 단백질을 제거하는 데 이용되고, 셀룰로오스를 분해하는 효소(cellulase)는 젊은 학생들의 취향에 맞게 청바지를 일부러 낡게 만드는 데 이용된다. 우유를 마시면 설사하는 사람들을 위한 우유가 판매되고 있는데, 이 우유에는 젖당을 분해하는 효소(lactase)가 첨가되어 있다. 과일의 껍질을 뚫고 침투하는 미생물에서 분리해 낸 효소들은 과일 통조림을 만들기 전 단계에서 과일의 껍질을 벗겨 내는 데 이용되며, 딱딱한 초콜릿의 속 부분을 부드럽게 만들 때는 이를 분해하는 효소(invertase)를 내부에 주입하는 방법이 이용된다.

칼로리가 낮은 '라이트' 맥주를 제조할 때도 효소가 이용된다. 맥주는 효모(yeast)라는 미생물에 의한 발효를 통해 보리에서 만들어진다. 효모는 보리에 들어 있는 탄수화물을 이용하여 에너지를 만드는 과정에서 알코올을 생산하는데, 그것이 맥주이다. 그러나 이 과정에서 탄수화물이 전부 분해되지 않은 채 맥주 속에 남아 있다. 이 상태의 맥주를 마시면 남아 있는 탄수화물이 사람 몸속으로 들어오므로 이에 해당하는 칼로리를 섭취하게 된다. 칼로리가 낮은 맥주를 만들기 위해서는 이 남아 있는 탄수화물을 모두 분해하여 효모가 이용할 수 있게 해 주는 방법이 사용된다. 이때 사용되는 것이 아밀라아제(amylase)라는 효소이다. 이 효소를 이용하여 맥주 속에 남아 있는 탄수화물을 모두 분해함으로써 낮은 칼로리의 맥주가 제조된다.

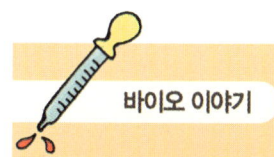

방귀를 안 뀌려면 효소의 도움을 받아야

미생물에서 분리해 낸 효소가 여러 가지 용도로 사용될 수 있다는 것에 대하여 살펴보았다. 이 효소들 중에는 소화를 도와서 방귀를 덜 뀌게 하는 작용을 하는 것도 있다. 방귀는 장내 미생물의 대사 작용의 결과로 발생되는 가스이다.

우리는 주식으로 밥을 먹는다. 밥은 아밀로오스(amylose)라는 탄수화물이 주성분이고, 이 아밀로오스는 단당류인 포도당이 손에 손을 잡고 사슬 형태로 길게 연결되어 있는 형태이다. 우리가 밥을 먹으면 소화 효소가 이 연결 고리들을 끊어서 하나하나의 포도당으로 분해하고, 분해된 포도당은 작은창자에서 실핏줄 속으로 흡수되어 피를 타고 온몸에 영양분을 공급한다. 우리 몸에는 아밀로오스의 연결 고리들을 끊는 효소가 있으므로 밥을 소화시킬 수 있다.

소나 사슴 같은 초식동물들은 풀을 뜯어 먹고 산다. 풀에는 셀룰로오스(cellulose)라는 탄수화물이 들어 있는데, 이 셀룰로오스도 단당류인 포도당이 손에 손을 잡고 사슬 형태로 길게 연결되어 있는 형태를 하고 있다. 즉, 이 셀룰로오스도 연결 고리가 잘려 분해되면 포도당이 된다. 초식동물은 이 셀룰로오스를 주식으로 먹

으며 살아가지만 우리는 풀을 먹고 살 수가 없다. 왜냐하면 셀룰로오스의 연결 고리를 자르는 효소가 우리 몸에는 없고 초식 동물에게는 있기 때문이다.

우리가 먹는 탄수화물 중에는 단당류인 갈락토오스(galactose)를 포함하고 있는 것들이 있다. 특히 콩에는 이런 탄수화물들이 많이 들어 있는데, 콩이 들어 있는 음식을 먹으면 방귀가 자주 나온다. 왜냐하면 우리에게는 이런 종류의 탄수화물을 분해하는 효소가 결핍되어 있기 때문이다. 우리 몸에 이런 효소가 없으므로 갈락토오스를 함유하고 있는 탄수화물은 작은창자에서 분해되지 않고 큰창자로 이동한다. 즉, 큰창자에서 서식하고 있는 대장균들에게는 자기가 섭취할 수 있는 반가운 음식인 셈이다.

대장균은 이것들을 분해하여 섭취하고 대사 작용을 한다. 이 과정에서 대장균들은 결과물로서 가스를 발생시키고, 이것이 방귀가 되어 나온다. 특히 멕시코 음식에는 콩이 많이 들어 있으므로 분위기 있는 멕시칸 레스토랑에서 데이트를 즐기는 중에 무안한 일이 일어나지 않도록 주의를 기울일 필요가 있다. 따라서 이런 염려를 덜기 위한 효소가 개발되어 시판되고 있다. 즉, 갈락토오스를 포함하는 탄수화물의 연결 고리를 끊어 주는 효소(α-galactosidase)를 미리 복용하면 이러한 걱정을 할 필요가 없게 된다.

인간과 박테리아의 신경전, 대량 생산을 위한 생물 공정 개발

DNA 재조합 기술을 이용하여 유용한 물질을 생산할 때 박테리아를 비롯한 미생물을 그 생산 공장으로 종종 사용하는 이유는, 이것을 배양하기가 매우 용이하기 때문이다. 사람의 경우 1세대가 30년 정도인 데 비해서, 박테리아의 경우 빠른 것은 20분 정도에 한 번씩 분열하여 자손을 번성시킨다. 어마어마하게 빠른 속도이다. 따라서 인간의 유전자를 박테리아 속에 주입하면, 이 미생물이 매우 빠른 속도로 자라면서 주입된 유전정보에 해당하는 물질을 빠른 속도로 생산하게 된다. 이것이 재조합 미생물을 이용하여 원하는 물질을 대량 생산하게 하는 기본 아이디어이다.

박테리아는 이렇게 주입된 유전정보에 해당하는 물질을 열심히 생산하지만, 박테리아의 입장에서 보면 아무 쓸데도 없는 것을 만들고 있는 것이다. 왜냐하면 박테리아는 그 정보를 가지게 됨으로써 그것이 자기에게 유용한 정보라고 잘못 인식하고 있을 뿐이기 때문이다. 그러나 이런 쓸데없는 물질을 멋모르고 한참 생산하다 보면 박테리아는 스트레스를 느끼기 시작한다. 열심히 일은 하는데 얻는 게 없다는 것을 느끼게 되는 것이다. 이러한 스트레스를 느끼게 되면 드디어 박테리아의 반격이 시작된다. 기껏 만들어 놓은 물질들을 파괴해 버리는 것이다. 박테리아의 입장에서는 일말 통쾌하게 느낄지 모르겠지만, 인간의 입장에서는 아깝기 짝이 없는 노릇이다. 잘 만들어진 귀한 물질을 도로 파괴하니 말이다. 그래서 이때부터 인간과 박테리아의 신경전이 펼쳐지게 된다.

인간의 입장에서는 원하는 물질을 많이 생산하는 것이 목적이다. 이를 위해 박테리아에게 사용할 수 있는 두 가지 방법이 있다. 당근과 채찍이 그것이다. 첫 번째로 채찍을 사용하는 방법이란 박테리아가 스트레스를 느끼고 성질을 부리기 시작하면 가차없이 처형하는 방법이다. 시간을 더 지체하는 것이 좋을 것이 없기 때문이다. 즉, 지금까지 생산해 놓은 것이라도 파괴하기 전에 건지자는 전략이다.

두 번째로 당근을 사용하는 방법이란 화가 나기 시작하려는 박테리아를 잘 달래 가며 키우는, 박테리아와 타협하는 방법이다. 박테리아가 스트레스를 느끼는 이유는 기껏 영양분을 사용하여 열심히 무언가를 만들었는데 그것이 자신에게 별로 유용하게 사용되지 않고, 또 사용할 수 있는 주위의 영양분은 점차 고갈되어 가기 때문이다. 그래서 박테리아는 쓸데없이 만들어 놓은 물질을 분자 단위로 잘게 잘라서 이를

다시 영양분으로 이용하려고 한다. 이를 방지하기 위해서는 박테리아에게 적당한 영양분을 지속적으로 공급해 주어서 박테리아가 어느 정도 행복감을 느낄 수 있게 해 주어야 한다.

우리가 원하는 물질의 생산을 최대화하기 위하여 어떤 방법으로 박테리아를 배양하고, 어떻게 당근과 채찍을 적절하게 사용하는 것이 바람직한가를 설계하는 것이 생물 공정 설계의 중요한 부분이다. 산업적 생산을 위해서는 대규모의 발효기에서 박테리아를 배양해야 하고, 이는 소규모의 플라스크에서 배양할 때는 문제가 되지 않았던 여러 가지 공학적 인자들을 고려하여 설계되어야 한다.

이렇게 하여 생산된 물질은 적절한 공정을 거쳐 순수한 물질로서 분리 정제되어야 한다. 이를 위해 우선적으로 배양한 미생물을 원심분리하여 가라앉힘으로써 배양액과 분리한다. 우리가 원하는 물질이 세포속에 있으면 미생물을 파괴한 후 이를 분리해야 하고, 세포에서 분비된 상태라면 배양액에서 원하는 물질을 분리해 내야 한다. 원하는 물질을 분리 정제하기 위한 다음 과정으로서는 크로마토그래피(Chromatography) 등의 다양한 분리 공정이 이용된다. 이와 같은 분리 정제 과정을 거쳐 순도 높은 제품이 생산된다.

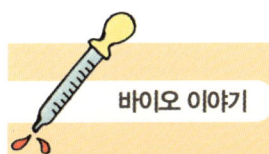

산업화를 위한 생명과학자와 생물공학자의 협력

　미생물에 의하여 생산되는 제품이 산업화 과정을 거쳐 생산되기까지는 생산성이 높은 미생물을 개발하는 단계와 이를 대규모로 배양하여 제품을 효율적으로 생산하기 위한 공정 개발 단계가 필요하다. 이를 위해서는 미생물의 특성을 잘 이해하고 있는 생명과학자와 공학적 원리가 적용된 생물 공정을 체계적으로 설계할 수 있는 생물공학자가 서로 협력하여야 한다. 페니실린의 산업화 과정이 이와 관련하여 대표적으로 성공한 예이다.

　플레밍이 페니실린을 발견한 이후 플로리 등이 환자에게 투여하여 그 효능을 입증하였다. 그러나 그 생산량이 너무 적어서 실용적으로 이용되는 것과는 거리가 멀었다. 페니실린 생산을 위해 많은 미국의 제약 회사들이 노력을 기울였다. 처음에는 미생물 배양에 의한 발효 방법보다는 화학적 합성 방법에 더 많은 노력을 투자하였다. 그 당시의 제약 회사들은 다른 의약품들의 화학 합성에 의한 대량 생산에서 이미 커다란 성공을 거두고 있었기 때문이다. 그러나 페니실린의 화학적 합성은 매우 어렵다는 것을 알게 되었다.

제2차 세계대전 중인 1943년, 미국의 군수물자위원회에서는 페니실린의 중요성을 깊이 인식하여 발효에 의해서라도 생산해야겠다는 결론을 내렸다. 박테리아 감염에 의한 질병의 치료를 위해 절실히 필요했던 것이다. 문제는 발효에 의하여 생산되는 페니실린의 생산성이 매우 작다는 것이다. 초기에 얻은 페니실린의 농도는 바닷물 속에 들어 있는 금의 농도보다도 낮았다. 바닷물 속에서 금을 건져 내는 것이 발효액에 들어 있는 페니실린을 분리해 내는 것보다 오히려 쉬울 정도였다.

페니실린의 생산성을 높이는 데 기여한 첫 번째 공로는 생명과학자에 의해 이루어진 배지 개발이었다. 이것은 생산성을 10배 증가시켰다. 다음으로 생산성을 높이는 데 크게 공헌한 것은 우수한 미생물 균주를 찾아낸 것이다. 수백 종류의 균주를 테스트하여 얻은 결과였는데, 곰팡이가 핀 멜론에서 찾아낸 균주였다. 생산성이 높은 균주로 인위적으로 변형시키기 위해서는 돌연변이 방법이 이용되었다. 다음으로 해결해야 할 문제가 이 균주의 대량 배양이었다. 처음에는 고체 배지가 들어 있는 우유병에서 배양을 하였는데 생산성도 어느 정도 괜찮았으나 미국 군수물자위원회가 필요로 하는 양을 생산하기 위하여 필요한 우유병의 양을 계산해 보니, 병을 일렬로 세워 놓을 경우 뉴욕에서부터 샌프란시스코에 이르는 길이가 되었다. 그것은 도저히 불가능한 일이었다.

이 문제의 해결을 위하여 공학자가 협력하기 시작하였다. 그때는 생물공학이라는 분야는 없었고, 대규모 반응기 디자인 경험을 가지고 있는 화학공학자들이 참여하였다. 고체 배양을 대체할 액체 배지가 들어 있는 대형 발효 탱크를 제조하였고, 이의 조업을 위한 공정을 개발하였다. 이와 같이 생명과학자와 공학자의 협력 과정을 거치면서 페니실린의 생산성은 처음에 비해 5만 배나 증가하였다.

미래의 융합 기술, 나노바이오테크놀로지

나노바이오테크놀로지란 나노테크놀로지와 바이오테크놀로지가 결합되어 탄생된 융합 기술이다. 기존의 학문들은 각자의 고유 영역을 지키며 자신의 울타리 내에서 발전해 왔으나, 이제는 기존 학문의 분야 간 영역을 넘어서 서로가 융합되어 과거에는 존재하지 않았던 분야들이 새로이 만들어지고 있다. 나노바이오테크놀로지가 그 대표적인 예이다.

'나노(nano)'라는 말은 그리스 어의 나노스(nanos, 난쟁이)에 그 어원을 둔 단어로서 10^{-9}을 의미한다. 나노미터(10^{-9}m)는 그 크기가 매우 작아서 짐작이 가지 않는다. 10^{-6}m(Mm, 마이크로미터)만 해도 현미경으로 들여다보아야 간신히 보이는 박테리아 세포 1개의 길이 정도이다. 그런데 나노미터는 이 박테리아 세포 길이의 1/1,000이니 세포 속의 분자 크기에 해당하는 길이이다. 우리가 잘 아는 이중 나선 구조를 가지는 DNA 가닥의 굵기가 약 2나노미터이다. 바이오의 관점에서 크기를 살펴보면 마이크로 영역은 세포의 크기보다 큰 영역으로서 세포 밖의 영역임에 반하여, 나노 영역은 세포 안으로 들어갈 수 있는 크기로서 세포 내의 영역이기도 하다.

나노 영역으로 내려감으로써 여태까지 우리가 알고 있던 자연 현상과는 다른 특성들이 발견된다. 나노 크기의 금속 알갱이는 그 입자의 크기에 따라 다양한 색으로 변신하는 성질을 가지고 있다. 예를 들어 특정 크기의 나노 금 알갱이들이 용액 속에 고루 분산되어 있을 때는 빨간색을 띠는데, 몇 개가 서로 뭉쳐져 크기가 커지면 파란색으로 변한다. 이러한 나노 입자의 성질과 DNA 염기 서열의 특이적 결합 특성을 이용하면 색깔 변화만을 가지고도 특정 DNA를 쉽게 감지할 수 있다. 또한 나노 입자는 세포 속으로 잘 침투해 들어가기 때문에 이를 이용하여 세포의 이동 경로를 모니터링하거나 세포에게 새로운 특성을 부여할 수도 있다.

나노 굵기의 전선은 그 가는 굵기 때문에 기존의 전선이 갖지 못하는 특성을 가지고 있다. 나노 굵기는 거의 분자 하나 수준의 굵기이기 때문에, 이 전선에 전류가 흐른다는 것은 전선을 따라 나열되어 있는 분자를 타고 옆의 분자로 전자가 이동한다는 것을 의미한다. 즉, 매우 비좁은 통로를 통하여 전자가 이동하는 것이다. 이런 상황에서는 통로 옆 구리에 매우 작은 물질이 붙더라도 전자 이동에 상당한 방해를 초래하게 된다. 즉, 매우 민감도가 높은 센서의 역할을 할 수 있게 되는 것이다. 나노 전선의 이러한 성질은 단 한 마리의 바이러스의 존재도 감지할 수 있는 바이오센서로의 이용이 가능하다.

　DNA는 2나노미터 굵기의 실처럼 기다란 생체 분자이다. 앞에서 이야기하였듯이 우리는 원하는 염기 서열의 DNA를 화학적 합성 방법으로 쉽게 제조할 수 있으며, 제조된 DNA 가닥들을 PCR 방법으로 많이

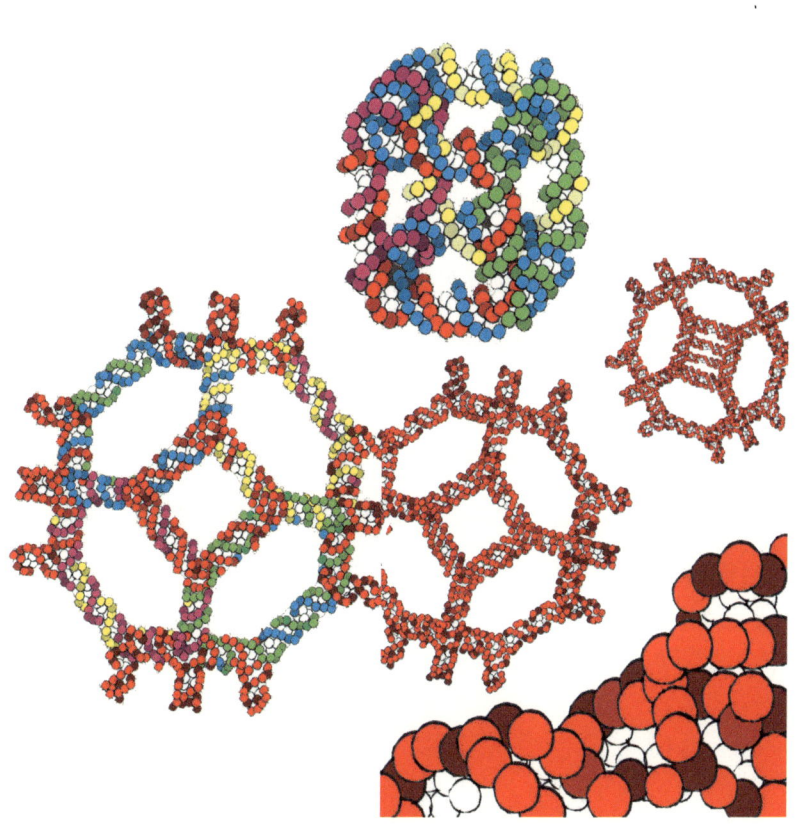

DNA 나노 구조물

복제할 수도 있다. 이제는 DNA 가닥을 마치 철사 구부리듯 사용하여 여러 가지 형태의 DNA 나노 장난감들을 제조할 수 있게 되었다. DNA 가닥으로 이루어진 나노 주사위, 정팔면체의 뾰쪽한 부분이 절단된 형태의 DNA 나노 구조물, 정글짐 형태의 DNA 나노 구조물 등이 그것이다.

이에 한 걸음 더 나아가 움직이는 DNA 나노 장난감들이 만들어지기도 하였다. DNA 가닥이 걸레를 짜듯이 움직이는 간단한 형태의 DNA 모터, 양팔을 모았다 폈다 하는 DNA 집게, DNA 레일 위를 두 다리의 DNA가 성큼성큼 걸어가는 DNA 머신 등이 그것이다.

여태까지 우리가 넘보지 못했던 세포 속을 넘나들 수 있는 미세한 세계인 나노테크놀로지와 오묘한 생명의 세계인 바이오테크놀로지가 이제 막 그 화려한 만남을 시도하려고 하고 있다. 이 만남은 인간의 건강한 삶을 위한 분야에 가장 먼저 응용될 것으로 기대되고 있다. 몸속과 세포 속을 누비고 다니는 나노 로봇, 바이러스 등을 감지하는 바이오센서, 목표 부위에 필요량의 약을 정확히 투여하게 하는 약물 전달 시스템, DNA가 기억 소자로 이용되는 바이오컴퓨터 등이 이 나노바이오테크놀로지에 의해 현실화될 것으로 기대된다.

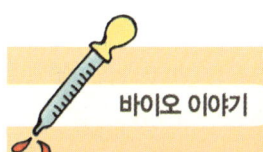

스파이더맨과 대결하는 나노바이오테크놀로지

앞에서 언급하였듯이 영화 〈스파이더맨〉의 주인공이 거미 박물관을 견학하는 도중에 유전공학 기술을 이용하여 만들어진 슈퍼 거미에 손등을 물리고, 이때 거미의 유전자가 몸속에 들어가 거미 특유의 능력을 행할 수 있는 초능력을 갖게 되어 스파이더맨이 탄생하게 된다. 거미에게 물림으로써 거미의 유전자가 인간의 몸속으로 들어가 인간의 유전자와 재조합이 일어난다는 것은 과학적으로 비현실적인 부분이지만, 거미 유전자와 인간 유전자의 재조합이 일어났다는 관점에서 보면 스파이더맨의 탄생은 바이오테크놀로지와 관련된 기술이다.

반면에 속편인 〈스파이더맨 II〉에서 스파이더맨과 대결하는 상대역인 옥타비우스 박사의 초능력은 나노바이오테크놀로지에 의한 것이라고 할 수 있다. 인간의 뇌와 정교한 로봇 팔이 연결되어 인간의 의지에 의해 4개의 로봇 팔이 움직여지는데, 인간의 뇌를 로봇 팔의 제어 시스템과 연결하기 위해 나노 와이어를 사용하고 있다. 즉, 인간의 뇌에서 나오는 신호를 전달하는 가닥한 신경을 로봇 팔의 제어 시스템과 연결하는 도구로서 나노 굵기의 전선을 사용하였던 것이다. 즉, 바이오테크놀로지(BT)와 나노테크놀로지(NT)의 융합 기술이다. 더 엄밀히 말하자면 정보 기술인 IT(Information Teclinology)까지도 함께 융합된 기술이라고 할 수 있다. 뇌와 컴퓨터(로봇 팔의 제어 시스템)를 연결하는 기술은 요즘 한창 연구가 진행되고 있는 BT와 IT의 융합 기술인 브레인-컴퓨터 인터페이스 기술이고, 이 영화에서는 여기에 나노 와이어가 접목되고 있다. 즉 BT, IT, NT의 융합 기술인 것이다.

이 영화의 클라이맥스는 바이오테크놀로지에 의해 탄생된 스파이더맨과 나노바

BT와 NT의 대결

이오테크놀로지의 결정체인 4개의 로봇 팔을 가진 옥타비우스가 달리는 기차 지붕 위에서 펼치는 숨 막히는 한판 대결이다.

물론 이 영화에서는 주인공인 바이오테크놀로지(스파이더맨)가 악당인 나노바이오테크놀로지(옥타비우스)를 제압하는 쪽으로 결말지어진다. 힘이 부친 옥타비우스는 기차의 제동 장치를 파괴시키고 퇴각한다. 수많은 승객을 태우고 걷잡을 수 없이 질주하는 기차를 세우기 위해 스파이더맨은 바이오 물질인 거미줄을 이용한다.

스파이더맨은 질주하는 기차에서 기찻길 양옆에 늘어선 건물들을 향해 연신 거미줄을 발사하여 건물 벽에 부착시킨다. 기차와 건물 벽을 연결하고 있는 거미줄은 기차가 질주함에 따라 점점 팽팽해지고, 거미줄 특유의 강한 인장력으로 낭떠러지로 굴러 떨어지기 바로 전에 가까스로 기차가 멈춰 서게 된다. 거미줄은 단백질의 일종으로서 분자 구조가 가장 간단한 두 종류의 아미노산을 주성분으로 하여 이루어졌으며 매우 규칙적으로 배열된 형태의 구조를 가지고 있다. 실제로 거미줄은 같은 무게의 강철과 비교하여 인장 강도가 5배 강하고, 나일론에 비해 2배의 신축성을 가지고 있다고 알려져 있다.

키워드

게놈(genome)
유전자(gene)와 염색체(chromosome)두 단어를 합성해 만든 용어로서, 한 생물체가 지닌 모든 유전정보의 집합체를 의미한다.

대사 작용(metabolism)
생물체 내에서 일어나는 물질의 분해나 합성과 같은 모든 물질적 변화로서, 이화 작용과 동화 작용이 이에 속한다.

동화 작용(anabolism)
이화 작용으로 생성된 작은 분자들을 사용하여 자체의 고유한 성분을 합성하는 과정으로서, 에너지가 사용된다.

배아 줄기 세포(embryonic stem cell)
배아의 발생 과정에서 추출한 세포로서, 모든 조직의 세포로 분화할 수 있는 능력을 지닌 미분화 세포이다.

번역(translation)
mRNA의 정보를 이용하여 단백질이 합성되는 과정으로서, 리보솜에서 일어난다.

분화(differentiation)
세포가 분열 · 증식하여 성장하는 동안에 서로 구조나 기능이 특수화되는 현상으로서 생물의 세포, 조직 등이 각각에게 주어진 일을 수행하기 위해서 형태나 기능이 변해 가는 과정을 말한다.

삼투압(osmotic pressure)
농도가 다른 두 액체를 반투막으로 막아 놓았을 때, 농도가 낮은 쪽에서 농도가 높은 쪽으로 용매가 옮겨 가는 현상에 의해 나타나는 압력이다.

생물정보학(bioinformatics)
컴퓨터를 이용하여 생물학을 연구하는 모든 분야를 포함하는 학문이다.

성체 줄기 세포(adult stem cell)
충분히 성숙한 성체에 들어 있는 줄기 세포로서, 필요한 때에 특정한 조직의 세포로 분화되는 미분화 상태의 세포이다. 배아 줄기 세포처럼 모든 조직의 세포로 분화되는 것은 불가능하지만, 치료에 이용할 경우 환자 자신의 세포를 이용하므로 면역 거부 반응이 적고 윤리 문제가 적다.

세포 소기관(organelle)
세포 내에 존재하는 특정한 기능을 가진 구조 단위로서 미토콘드리아, 엽록체, 골지체 등이 이에 속한다.

순수 배양(pure culture)
단일 종의 세포만이 존재하는 상태로 배양하는 일을 말한다.

엑손(exon)
진핵세포의 유전자에서 의미 있는 유전정보를 가지는 부위로서, 사이사이에 의미 없는 부분들인 인트론이 박혀 있다.

오른 방향 나선(right-handed helix)
위에서 축 방향을 따라 나선을 내려다보면서 시계 방향을 따라갈 때 보는 사람에게서 멀어지는 구조를 가진 나선이다.

왼 방향 나선(left-handed helix)
위에서 축 방향을 따라 나선을 내려다보면서 시계 방향을 따라갈 때 보는 사람에게서 가까워지는 구조를 가진 나선이다.

운반체(vector)
외래의 유전자를 세포 안으로 도입하는 데 쓰이는 DNA 분자. 이 운반체들은 분자생물학자들에 의해 유전공학적으로 디자인되거나 만들어질 수 있다. 플라스미드가 대표적인 예이다.

원핵세포(prokaryotic cell)
뚜렷한 핵이나 염색체를 가지고 있지 아니한 세포로서, 모든 세균류와 남조류가 이에 속한다.

유전자 클로닝(gene cloning)
유전자 재조합에 의해 만들어 낸 특정 유전자를 운반체와 결합시켜 대장균 등의 숙주에서 증식시켜 균일한 유전자 집단(클론)을 만들어 내는 과정이다.

이화 작용(catabolism)
생물의 조직 내로 들어온 물질이 분해되어 작은 분자들로 되는 과정으로서, 이 과정에서 에너지가 발생한다.

인간 게놈 프로젝트(human genome project)
인간이 가진 모든 유전자의 위치와 염기 서열을 밝히기 위한 연구 계획을 말한다.

인트론(intron)
진핵세포의 유전자에서 유전정보로서의 의미가 없는 부위로서, 의미 있는 유전정보를 가지는 부위인 엑손의 사이사이에 박혀 있다.

전기영동(electrophoresis)
용액 속에 전극을 넣고 직류 전압을 가했을 때 전기를 띤 분자들이 어느 한쪽의 전극을 향해서 이동하는 현상을 말한다.

전사(transcription)
DNA에서 mRNA가 합성되는 과정으로서, RNA 중합 효소에 의해 진행된다.

제한 효소(restriction enzyme)
DNA의 특정의 염기 서열을 식별하여 절단하는 효소이다.

줄기 세포(stem cell)
여러 종류의 신체 조직으로 분화할 수 있는 능력을 가진 세포이다.

중심 원리(central dogma)
DNA에서 mRNA로, mRNA에서 단백질로 정보가 전달되어 유전형질이 드러난다는 원리를 말한다.

진핵세포(eukaryotic cell)
핵막(核膜)으로 싸인 핵을 가진 세포로서 1개 이상의 염색체를 가지고 있고, 유사 분열을 하며, 세균과 남조류 이 외의 모든 세포가 이에 속한다.

코돈(codon)
mRNA 염기 3개로 이루어진 단위로서, 이 3개의 염기는 하나의 아미노산에 대응된다.

포스트 게놈(post genome)
인간 게놈 지도가 완성된 이후의 시대 및 게놈 관련 연구를 포괄적으로 이르는 용어이다.

프라이머(primer)
짧은 DNA 단일 가닥으로서, 상보적인 DNA 가닥과 결합함으로써 DNA 중합 효소가 중합 반응을 개시하게 해 준다.

프로모터(promoter)
전사가 시작되기 위해 RNA 중합 효소가 결합하는 DNA 부위를 가르킨다.

해당 작용(glycolysis)
세포 내에서 포도당이 피루베이트로 분해되는 대사 과정이다.

cDNA
상보적(complementary) DNA의 줄임말. 역전사 효소에 의해 mRNA에서 거꾸로 합성된 DNA로서, 인트론이 제거된 상태이다.

PCR(ploymerase chain reaction)
유전자 증폭 기술 또는 중합 효소 연쇄 반응이라고도 하며, 인위적으로 유전자를 증폭시키는 방법이다.

참고문헌

[1] 구윤모 · 서진호 · 장용근 · 박태현. 『생물 공정 공학』, 2판. 서울 : 교보문고, 2003.

[2] 유영제 · 박태현 외. 『미래를 들려주는 생물공학 이야기』. 서울 : 생각의 나무, 2006.

[3] Glick, B.R and Pasternak, J.J. *Molecular Biotechnology*. 3rd ed., Washington D.C. : American Society for Microbiology, 2003.

[4] Kreuzer, H. and Massey, A. *Biology and Biotechnology*. Washington D.C. : American Society for Microbiology, 2005.

[5] Madigan, M.T. and Martinko, J.M. *Brock Biology of Microorganisms*. 11th ed., New Jersey : Pearson Prentice Hall, Upper Saddle River, 2006.

[6] Marten, M.R., Park, T. H., and Nagamune, T. *Biological Systems Engineering*. Washington D.C. : American Chemical Society, 2002.

[7] Miller, K.R. and Levine, J.S. *Biology*. New Jersey : Prentice Hall, Upper Saddle River, 2002.

[8] Watson, J.D. and Berry, A. *DNA : The Secret of Life*. New York : DNA Show LLC, 2003(이한음 역. 『DNA : 생명의 비밀』. 서울 : 까치글방, 2003).

찾아보기